普通高等学校"十四五"规划新闻传播类
专业交叉复合型人才培养实践指导示范教程

地方高等学校新闻学国家级一流专业建设与区域化服务创新成果

短视频编导与制作

主编 ◇ 张国新

华中科技大学出版社
http://press.hust.edu.cn
中国·武汉

内 容 提 要

随着我国互联网技术的不断发展,短视频已经成为现代社会信息生产的一部分。学会短视频拍摄以及制作的技能,内容创作者不仅可以在日常生活中制作出有特色的内容,还可以在各大平台上创造收益,实现价值变现。"短视频编导与制作"是一门集短视频拍摄、剪辑、运营于一体的实践特色课程。本教材旨在帮助读者了解短视频的概念以及分类、培养读者短视频策划与文案创作能力、拍摄器材使用能力、视频剪辑能力以及短视频产品的运营能力等。本教材结合网络上诸多具有时效性的案例,力图帮助读者掌握短视频的制作技巧,创造出具有传播声量的短视频。

图书在版编目(CIP)数据

短视频编导与制作/张国新主编. 一武汉:华中科技大学出版社,2023.6(2025.3重印)
ISBN 978-7-5680-9394-1

Ⅰ. ① 短… Ⅱ. ① 张… Ⅲ. ① 视频制作 Ⅳ. ① TN948.4

中国国家版本馆 CIP 数据核字(2023)第 108682 号

短视频编导与制作   张国新   主编
Duanshipin Biandao yu Zhizuo

策划编辑:周晓方   杨   玲
责任编辑:林珍珍
封面设计:原色设计
责任校对:张汇娟
责任监印:周治超
出版发行:华中科技大学出版社(中国·武汉)   电话:(027)81321913
         武汉市东湖新技术开发区华工科技园   邮编:430223
录   排:华中科技大学出版社美编室
印   刷:武汉市籍缘印刷厂
开   本:787mm×1092mm   1/16
印   张:16.5
字   数:386 千字
版   次:2025 年 3 月第 1 版第 2 次印刷
定   价:49.90 元

普通高等学校"十四五"规划新闻传播类
专业交叉复合型人才培养实践指导示范教程

编委会

顾　问	张　昆
主　编	陈　瑛
副主编	陈　欣　徐　晓

编　委（以姓氏拼音排序）

方　艳　胡亚婷　江锦年　李媛媛　罗　政

潘　君　沈文慧　王尉岚　吴　琪　吴尚哲

肖　南　杨　雯　张　炯　张国新　赵晓芳

作者简介

张国新　湖北第二师范学院新闻与传播学院专任教师。2003年毕业于华中师范大学新闻学专业，获新闻传播学硕士学位。2005年在华中科技大学新闻与信息传播学院做访问学者，主讲课程有"广播电视新闻学""新闻摄影""电视节目编辑与制作""微电影编导与制作""演播室导播技术"等。

总序

Introduction

··

近年来发布的《教育部关于加快建设高水平本科教育 全面提高人才培养能力的意见》和《加快推进教育现代化实施方案（2018—2022 年）》要求，推动高等学校全面实施"六卓越一拔尖"计划 2.0，发展新工科、新医科、新农科、新文科，打赢全面振兴本科教育攻坚战。地方高等学校更要抢抓机遇，推动新文科专业建设，主动适应新时代新文科发展要求，突破传统文科的思维模式。为推动新闻学专业更新升级，做强一流本科专业、培养一流人才，新闻学专业发展正经历强基固本、重构知识体系，推进跨学科整体共建、跨学科课程群共建、跨学科培养方式共建的洗礼和调整，在学科对话和价值共创中实现新闻传播人才培养和科学研究，并从观念和模式上实现创新。

湖北第二师范学院 2019 年入选首批地方高等院校新闻学国家级一流本科专业建设点，正谋势而动积极筹划新闻学专业课程建设及其教材开发工作。湖北第二师范学院新闻与传播学院借助武汉中国光谷腹地的区域特色优势，因地制宜，充分挖掘各类资源，将新闻传播学科教育与传媒行业发展前沿深度融合，紧密结合教师教育特色、新闻传播教育本色，结合传媒行业技术，注重特色化、个性化发展，努力实现"知识＋技能"向"知识＋技能＋价值"引导的转变，持续激活服务地方经济文化创新区域发展的生长点和活力点。该院中青年博士教师团队积极研发了"普通高等学校'十四五'规划新闻传播类专业交叉复合型人才培养实践指导示范教程"教材，此套教材将作为湖北第二师范学院地方高等院校新闻学国家级一流本科专业建设与教学改革的部分成果。

地方高等院校新闻学国家级一流本科专业教育教学改革创新迫在眉睫，地方高等院校新闻传播学科发展与人才培养，需要高质量的课程开设及配套教材，然而，目前以大实验观指引的偏实践技术、实验实操、案例型的与地方高等院校新闻学本科专业人才培养匹配的系统化示范型教材甚少，有限的教材呈现的特点是：理论性多，实践指导不足；应用型少，优质案例指引匮乏；院校与行业交叉联合少，地方院校特色不突出；单品种少，且无系列规划。当前亟待设计编撰推出既区别于高职高专简单的操作性和知识型教材，又区别于综合型重点院校偏理论性和研究型教材，突出地方高校办学与人才培养特色，既注重服务地方发展的实践指导又不失学理基础支撑，同时调整原来一本纸质教材三五年才考虑修订，教材开发远远落后于新闻学专业发展形势的现状，开发以技术引领、实践操作和优质案例教学为主的系统性教材，并配套数字资源，在大大加快纸质教材更新换代频率的基础上不断更新丰富教材内容。

本系列教材编撰将以出版能够"引领核心价值，融合学科，融合行业，融合技术"的新闻传播融合型教材为目标，推行专业建设和改革，总体框架和基本思路为：核心价值观树立—融合实践内容建设—高水平课程打造—学界业界联合。

　　湖北第二师范学院为推动全国地方高等院校新闻学国家级一流本科专业建设与人才培养,立足省属特色师范院校实际,联手业界,产学合作,注重思想引领和价值塑造,加强服务湖北的媒体乃至区域化经济发展,优化专业人才培养方案的模块化课程群,采用案例式、现场式、任务型实践教学手段,为构建新闻学人才培养新范式和新闻传播学科育人体系,积极打造多维共建实践教学模式下融合实战指导系统化教材,即"普通高等学校'十四五'规划新闻传播类专业交叉复合型人才培养实践指导示范教程"教材。

　　本系列教材以湖北第二师范学院获批地方高等院校新闻学国家级一流本科专业建设点为起点,3年为一个规划时段,坚持需求导向、分类指导、多维共建、深度融合、服务区域的基本原则,遵循地方高等院校新闻学国家级一流本科专业建设统一性、梯度化和标杆化三个标准,参照教育部卓越人才2.0计划,对照专业定位和学校定位,传承教师教育特色,展现新闻传播应用转型底色,以新闻学为核心,辐射广告学和编辑出版学,形成一体两翼,以实践指导教程为主,立足本土化主流媒体优质案例,注重校企合作协同育人,学界业界优势互补,理论实践深度融合,凸显地方化、特色化和示范性。

　　本系列教材在编写过程中获得了湖北日报社、长江日报社及华中科技大学出版社大力支持,我们组建编委会并遴选推荐经验丰富、学院或业界有副高及以上职称专家担任每种图书的主编,拟定编写体例、编写样章,同时参与审定大纲、样章,总体把控书稿的编写进度。基于省属院校特色,培养融合学科、融合行业、融合技术的新闻传播专业交叉复合型人才,推动信息技术与教研深度融合,以助力专业建设和改革为己任,注重激发学生内驱力,打造传媒大数据和新闻可视化制作等课程教学"全媒体＋区域化＋交叉融合"体系,为订单式、嵌入式教学和合作式发展新机制驱动下跨学科融合型、区域化、社会服务型新闻传播人才培养输送力量。

　　新闻传播学科与媒体行业关系密切,新时代的纸质教材通过配套数字资源的不断更新换代,在较大程度上消除了传统纸质教材更新换代缓慢、周期长、效率低的弊端。在编写体例上,本系列教材在寻求创新与突破基础上,加强配套数字资源建设,注重纸质教材与配套数字化教学研究资源的深度融合,不断丰富PPT课件、案例库、习题库、视频库、图片库等资源,实现纸质教材配套资源数字化。

　　"普通高等学校'十四五'规划新闻传播类专业交叉复合型人才培养实践指导示范教程"教材第一批收录了四种教材,包括《视觉新闻报道实训教程》(陈瑛、肖南 编著),《融合新闻编辑实训教程》(方艳、胡亚婷 主编),《文化产业创意与策划》(陈欣、罗政 主编),《短视频编导与制作》(张国新 主编)。

　　"普通高等学校'十四五'规划新闻传播类专业交叉复合型人才培养实践指导示范教程"教材的出版,要特别感谢湖北第二师范学院专项建设资金的支持,我们期待这批成果的问世能为培养和输送"讲政治、懂国情、有本领、接地气"的跨媒体复合型人才探寻新路。

陈晓

2022年12月21日

前言

Preface

近年来,第五代移动通信技术的落地推动短视频行业进入下一个快速发展阶段。短视频用户规模、网民使用率和市场规模均呈现持续增长态势。2021年,中国短视频市场规模约为2672.9亿元。2022年,我国短视频用户规模由上一年的9.34亿增长至9.62亿,可见短视频已经成为大多数网民的必备应用,发展潜力巨大。

短视频最早兴起于美国。早在2005年左右,美国的视频分享网站油管(YouTube)等发展经验让UGC(用户生成内容)的概念开始向全球辐射。2005年上映的时长20分钟的网络短片《一个馒头引发的血案》爆红,该短片被认为是中国短视频的雏形。此后,随着优酷、土豆、搜狐视频等平台的力推,一系列知名导演、演员以及大量草根拍客加入短视频大军,无数网友也纷纷拿起DV、手机开始视频的拍摄和制作。2013年,新浪微博推出"秒拍"。2016年,抖音上线,随后,快手、秒拍、视频号等短视频平台相继发展起来。也是在2016年,"papi酱"在互联网横空出世,这个自称"一个集美貌与才华于一身的女子",将3分钟短视频的价值推到了互联网的一个极端。在这个极端里,她的估值曾达到1亿元,一条广告价值2200万元。万千网友争相模仿她的语气、笑声、表情等,一批网红以雷霆速度触及冰山之巅。网红这个概念从此走入大众的视野。

短视频兴起的短短几年内,就成为一种新的业态形式,同时成为人们离不开的一种社交工具。短视频不仅改变了现有的社会信息传播格局,也让人们认识到了新媒体的发展速度。特别是短视频电商在技术迭代的支持下,依靠强大的流量从C端(Consumer)推动了增长飞轮的运转,在较短时间内完善了渠道内商品的丰富度,开启了自身的高速增长。但是,再好的产品在发展的逐渐成熟过程中也会出现不好的影响。由于短视频发展的速度过于迅猛,用户的基数过大,其内容参差不齐,伴随着平台算法推荐,总有一些负面影响出现,因此在未来的发展过程中如何对短视频进行监管成为重中之重。同时伴随着5G网络的兴起与发展,未来的短视频究竟会向着怎样的道路发展,还是一个未知数。

本书在编撰过程中,引用了部分网络照片和视频资料,有些无法联系到版权方,在此表示歉意,并希望得到理解。

目录
Contents

认识短视频　第一章

知识目标

1. 掌握短视频的定义、特点和不同短视频平台的区别。
2. 了解短视频账号的设置操作。
3. 熟悉短视频平台的具体操作。

技能目标

1. 能够独立完成短视频账号的设置操作。
2. 能够设置一个让人印象深刻的抖音账号。

情感目标

1. 培养对短视频的初步认知和热爱情感。
2. 培养独立思考能力和判断能力。

第一节 短视频概述

一、认识短视频

(一)短视频的定义

在很长一段时间里,"短视频"没有一个标准的定义。2019 年,艾瑞咨询对"短视频"进行了一个比较清晰的定义:短视频是指一种视频时长以秒计数,一般在 10 分钟之内,主要依托于移动智能终端实现快速拍摄和美化编辑功能,可在社交媒体平台上实时分享和无缝对接的一种新型视频形式。

本书认为,短视频是指一种在各种新媒体平台上播放的、适合在移动状态和短时休闲状态下观看的、高频推送的视频内容。短视频的时长一般在 10 分钟之内,其制作主要依托于移动智能终端实现快速拍摄和美化编辑功能,并且可以上传到社交媒体平台上,与其他用户互动。当下短视频内容多样,有技能分享、幽默搞怪、时尚潮流、社会热点、街头采访、公益教育、广告创意、日常记录等多种主题。表 1-1 展示了一些当下热门短视频平台。

表 1-1   当下热门短视频平台

平台	Logo	定义(时长)	呈现方式	用户规模(截至 2021 年底)
抖音		15 分钟以内	横屏、竖屏均可	累计 8.09 亿
快手		10 分钟以内	以竖屏为主	累计 7 亿
哔哩哔哩		一般不超过 8G	横屏、竖屏均可	平均日活跃用户达 8350 万

续表

平台	Logo	定义(时长)	呈现方式	用户规模(截至 2021 年底)
西瓜视频		无限制(5 分钟为宜)	以横屏为主, 竖屏无平台广告收益	累计用户 3.5 亿
微信 视频号	视频号	60 秒以内	横屏、竖屏均可	月活达 8 亿
微博视频	微博视频	5 分钟以内	以竖屏为主	视频号开通规模 已超 2000 万

思考与练习

你经常观看的短视频平台有哪些?你为什么喜欢这些短视频平台?

(二)短视频的优势

1.内容短小精悍,传播速度快

短视频时长一般为 15 秒到 10 分钟,内容短小精悍,并且由于短视频常以信息流的形式出现,所以内容创作者注重在前 3 秒抓住用户。尽管在 2019 年 6 月,抖音开放了上传 15 分钟视频的权限,但碎片化接受习惯让用户普遍偏爱短小精悍的内容。今日头条的副总裁认为,4 分钟是短视频最常见的时长,也是用户观感最佳的时长[①]。许多热门视频的时长是在 1 分钟之内。由于短视频传播渠道多样化,加上平台算法推荐助力,所以它可以实现内容裂变式传播,同时可以根据用户的社交关系进行熟人圈层传播,而多方位的传播渠道和方式使短视频信息传播的力度大、范围广。

2.制作简单,生产成本低

短视频是一种"即拍即传"的传播方式,即用户可以借助移动设备实现一站式的短视频的拍摄、制作、上传与发布。短视频不像传统的影视剧的拍摄与制作需要专业的设备和团队,并且如今许多软件可以帮助制作者实现快速拍摄和剪辑,降低了视频制作的门槛,缩短了制作的周期。

---

① 今日头条赵添:4 分钟是短视频最适合播放的时长[EB/OL].(2017-04-20)[2023-01-21]http://www.techweb.com.cn/internet/2017-04-20/2515402.shtml.

3.精准营销,效果好

在快节奏生活方式和高压力工作状态下,大多数人在获取日常信息时习惯选择自由截取,追求"短平快"的消费方式。而短视频具有内容指向性优势,可以根据短视频账号的粉丝准确地找到产品目标受众,通过植入广告等方式实现精准营销。而且短视频平台通常会设置搜索框,对搜索引擎进行优化,受众一般会在平台上搜索关键词,这一行为使短视频营销定位更加精准。

值得一提的是,短视频营销的高效性体现在用户可以边看短视频边购买商品。在短视频中,视频制作者可以将商品的购买链接放置在商品画面或短视频播放界面的四周,从而让用户通过点击链接跳转至购买界面。购买的便利性大大增强了短视频营销的效果。

4.个性化表达,快速打造 KOL

短视频能够借助平台的流量创造机会,让普通人在自己擅长的领域成为 KOL(关键意见领袖),这既能实现短视频的营销功能,让普通人实现流量变现,也能推动各大商家实现新媒体营销。例如,抖音有许多网红拥有一批忠实粉丝,并成功实现带货。

思考与练习

列举三个你最喜欢的短视频,并说明这些短视频最吸引你的地方。

(三)我国短视频发展历史

1.萌芽期(2004—2011 年)

2004—2006 年:2004 年乐视网(后改名为乐视视频)作为我国首家专业的视频网站正式成立,随后土豆网、优酷网先后上线。在 PC 端为主的互联网时代,视频内容还是以传统电视传媒的内容为主。

2007—2009 年:视频网站进入运营年,也被称为视频广告元年,当年百度推出视频广告发布平台——"百度 TV"并且在 2008 年以后,各大视频网站开始发展广告营销。2009 年,新华社主办的中国国际电视台(CITV)开始试播。同年 12 月,湖南广电把金鹰网旗下芒果网络电视分离出来,面向市场独立品牌运营,拉开了国家组网络视频网站与民营企业竞争的序幕。

2010—2011 年:这一时期,爱奇艺、腾讯视频陆续上线,微电影《老男孩》《父亲》上线,获得热烈反响。

2.探索期(2012—2014 年)

2012 年:第四代移动通信技术(简称 4G)和智能手机普及,各平台向短视频转型。

2013 年:GIF 快手正式更名为快手,成为短视频社区;新浪微博的"秒拍"功能上线。

2014 年:美拍、秒拍迅速崛起。

3.爆发期(2015—2016 年)

2015 年:以虎牙直播(原 YY 游戏直播)为代表的直播平台陆续上线,"短视频＋直播"逐渐成形。

2016 年:抖音作为一个面向年轻人的音乐短视频社区上线;"papi 酱"大火,其创作的一条广告拍出 2200 万元的天价,团队获得 1.2 亿元融资;4 月,淘宝推出微淘视频,8 月上线微淘直播。这一时期短视频正式进入电商营销领域,短视频与直播相辅相成,各大平台的亿级资金补贴使短视频行业快速发展。

4.优化期(2017—2018 年)

2017 年:快手吸引了众多草根用户,日活跃用户超过 1 亿,迅速占领市场。

2018 年:抖音的"海草舞""学猫叫"短视频火遍大街小巷,制造了无数网络热点。

2018 年 7 月以来,国家网信办会同相关部门针对网络短视频行业存在的突出问题,开展了一系列专项治理行动,依法依规处理了一批违法违规网络短视频平台及其账号,同时,大力推动网络短视频优质精品内容生产,开展了一系列正能量传播活动,使短视频以良好态势发展,主流短视频平台和模式基本形成。在此期间,主流媒体也开始进军短视频平台,如《南方周末》的"南瓜视业"、《新京报》的"我们视频"。

5.成熟期(2019 年至今)

2019—2020 年:哔哩哔哩凭借跨年晚会和"破圈三部曲"成功破圈,跻身短视频行业领先地位。

2020 年 7 月,西瓜视频拿下《中国好声音 2020》全网独播权布局文娱产业,完善内容生态链。同月,微信视频号正式上线,背靠当时微信 1.2 亿用户规模,深入短视频营销市场。

这一时期,短视频行业日渐成熟,监管机制逐步完善。2021 年 12 月 15 日,中国网络视听节目服务协会发布了《网络短视频内容审核标准细则》(2021),旨在提升短视频内容质量,遏制错误虚假有害内容传播蔓延,营造清朗网络空间。

思考与练习

你如何看待主流媒体转型发展短视频的举措?

二、短视频的分类与特征

(一)按渠道分类

1.资讯客户端渠道

资讯客户端渠道是通过自身系统的推荐机制来获得播放量。这种短视频平台有今日头条、百家号、一点资讯等。

2.在线视频渠道

在线视频渠道是通过专门的视频网站,靠搜索或小编推荐来获得播放量。这种短视频平台有搜狐视频、爱奇艺等。

3.短视频渠道

短视频渠道的播放量是根据粉丝量、完播率、互动性等算法机制来确定的。这种短视频平台有抖音、快手、美拍等。

4.社交媒体渠道

社交媒体渠道主要是基于用户关系获得播放量,它更具有人际传播和大众传播特性。这种短视频平台有微信视频号等。

5.垂直类渠道

垂直类渠道主要以广告投放机制来获得播放量,如淘宝、京东里的短视频。

(二)按表现形式分类

1.微纪录

微纪录也叫短纪录片,是以真实生活为创作素材、以真人真事为表现对象、以展现真实为本质,并通过真实内容引发人们思考的电影或电视艺术形式。2018 年,各大视频平台开始开发纪实内容,全年新媒体纪录片生产投入占纪录片市场整体的 23.9%,市场份额达到18.9%。[1] 和长纪录片相比,微纪录的时长更短,一般在 15 分钟以内。表 1-2 列举了一些有代表性的微纪录作品。

---

[1] 《2019 中国网络视听发展研究报告》:长视频三足鼎立、短视频两超多强[EB/OL]. (2019-06-04)[2023-01-22] https://www.sohu.com/a/318617346_505816.

表 1-2 微纪录作品示例

代表作品	内容简介	时长
《早餐中国》(见图 1-1)	介绍各地的特色早餐	约 5 分钟
《如果国宝会说话》(见图 1-2)	介绍国宝背后的中国精神、中国审美和中国价值观,带领观众读懂中华文化	约 5 分钟
《最后一班地铁》(见图 1-3)	通过对都市夜归族的深入探访,记录属于这个城市夜晚的故事	约 7 分钟

图 1-1 《早餐中国》

图 1-2 《如果国宝会说话》

图 1-3 《最后一班地铁》

2.情景短剧

情景短剧是源于美国的一种轻喜剧,常常依托相对固定的场景,多见于室内拍摄,利用生活中常见的情节及道具,演员根据拍摄需求进行场景化演绎的短视频类型。常见的情景短剧主要有以下几种。

(1)幽默类情景短剧

幽默类情景短剧具有娱乐化属性,常通过"玩梗""搞笑段子"等手法设置诙谐的剧情,用幽默的风格达到搞笑的目的。这类短剧有很多,例如"陈翔六点半"系列短视频(见图 1-4)。

(2)情感类情景短剧

情感类情景短剧常通过各种戏剧化的创作手法设置剧情,通过"共情"的方法来演绎当下人们内心对美好情感的向往。情感类情景短剧多从亲情、爱情、友情等情感视角进行创作,作品多取材于生活,更容易引起用户的情感共鸣。这类短剧有很多,如"一禅小和尚"系列短视频(见图 1-5)。

（3）职场类情景短剧

职场类情景短剧基于细分的职场场景（如办公室等）演绎职场故事，再现职场情景。职场类情景短剧具有时尚感强、易引发共鸣、话题感足等优势。这类短剧有很多，如郑云工作室推出的"陆超加班"系列短视频（见图1-6）。

图1-4 "陈翔六点半"系列短视频　　图1-5 "一禅小和尚"系列短视频　　图1-6 "陆超加班"系列短视频

3. 解说类短视频

解说类短视频是指短视频创作者对已有素材（图片或视频）进行二次加工、创作，配以文字解说或语音解说，加上背景音乐合成的短视频，例如知识科普类型的解说、影视作品的解说等。根据解说形式的不同，解说类短视频又可分为文字解说和语音解说两类，但现在许多解说类短视频兼具文字和语音解说两种形式，以在有限的视频时长中尽量扩大信息含量，例如"超自然研究所所长"系列短视频（见图1-7）。

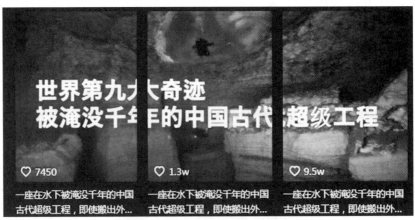

图1-7 "超自然研究所所长"系列短视频

4. 脱口秀短视频

脱口秀节目也称谈话节目。传统的脱口秀节目通常会邀请一系列嘉宾就某一个话题进行讨论,嘉宾由有学问、有威望的或者对节目的特定问题有特殊经验的人组成。但脱口秀短视频通常仅由出镜者一人发表自己的观点。按照具体内容的不同,可将脱口秀短视频大致分为幽默类、分享类和现场类(见表 1-3)。

表 1-3　脱口秀短视频分类

类型	特点	代表作品
幽默类	内容诙谐幽默,以娱乐放松为主	"傅首尔"系列短视频(见图 1-8)
分享类	以分享知识、传递信息为主	"阿甘阅读会"系列短视频(见图 1-9)
现场类	以现场脱口秀形式展示为主,将现场节目精彩内容进行剪辑	"付航脱口秀"系列短视频(见图 1-10)

图 1-8　"傅首尔"系列短视频　　图 1-9　"阿甘阅读会"系列短视频　　图 1-10　"付航脱口秀"系列短视频

5. Vlog

Vlog 又被称为视频博客或视频日记,其全称是 Video weblog 或 Video blog,由 Vlog 博主亲自出镜,以影像记录日常生活,展示 Vlog 博主的生活。Vlog 镜头里通常没有酷炫的画面,只有真实的博主和真实的环境,给用户一种参与感和亲近感。Vlog 的大致类型如表 1-4 所示。

表 1-4　Vlog 的大致类型

Vlog 类型	Vlog 内容	Vlog 博主代表
励志学习类	记录自己每天学习进度,推荐学习工具或方法等	恺恺今天努力了吗(见图 1-11)
婚恋情感类	记录情侣之间的恋爱过程、约会安排等	陈思建(见图 1-12)

Vlog 类型	Vlog 内容	Vlog 博主代表
乐享美食类	记录自己制作的菜品或甜点,展示特色美食等	SD 小黑屋(见图 1-13)
旅行出游类	记录旅行沿途风景、特色文化等	房琪 kiki(见图 1-14)
普通日常类	记录自己日常生活等	虞兮西(见图 1-15)
开箱"种草"类	展示商品开箱测评过程,分享各类好物等	Bigger 研究所(见图 1-16)

图 1-11　励志学习类 Vlog 博主

图 1-12　婚恋情感类 Vlog 博主

图 1-13　乐享美食类 Vlog 博主

图 1-14　旅行出游类 Vlog 博主

图 1-15　普通日常类 Vlog 博主

图 1-16　开箱"种草"类 Vlog 博主

（三）按内容分类

1.幽默类短视频

幽默类短视频一般以表现日常生活为主，常常采用"玩梗"或"吐槽"的方式，即将实时热门话题作为切入点进行调侃，以脱口秀短视频形式呈现，或者是以具有一定故事情节但通常有意料之外的剧情反转的情景剧形式呈现。幽默类短视频有很多，如"papi 酱"系列短视频（见图 1-17）。这类短视频能够缓解人们的紧张情绪，让人释放压力、愉悦身心。

图 1-17 幽默类短视频代表作品

2.路人访谈类短视频

这类短视频一般选择人们关心的话题，以访谈、采访的方式展现人们的真实想法。由于这类视频贴近民众生活，所以能够吸引众多的参与者与观众。

这类视频有两种形式：一种是"问答式"，如"大仁街坊"系列短视频，这类短视频的卖点通常是问题的话题性及路人的颜值；另一种是"挑战式"，如"街头辣椒王"系列短视频（见图 1-18）。近年来一些猎奇挑战类视频也是具有可观短视频播放量。

3.日常分享类短视频

日常分享类短视频记录的是视频创作者的日常生活，因其内容取材于真实生活，能够引发用户共鸣，使其产生一种参与视频创作者生活的感觉。日常分享类短视频内容覆盖范围较广，如萌宠类"球球是只猫"系列短视频（见图 1-19）。

4.技能分享类短视频

技能分享类短视频的内容主要涉及生活小技巧、专业知识、学习经验等诸多实用性的技能，并且因学习时间不长、讲解通俗易懂而广受用户好评，通常保存和转发数都较高。这类短视频有很多，覆盖面也很广，如选车类"虎哥说车"短视频（见图 1-20）。

图 1-18　路人访谈类短视频代表作品

图 1-19　日常分享类短视频代表作品

图 1-20　技能分享类短视频代表作品

5. 影视解说类短视频

这类短视频常常选择热门电影或电视剧,通过为剪辑后的剧情画面配上解说,把自己的思想观点表达出来,一方面帮助受众节省时间、了解剧情走向,另一方面为受众推荐一些优秀的影视作品。影视解说类短视频也有很多,如"谷阿莫"系列短视频(见图1-21)。

图 1-21　影视解说类短视频代表作

6. 创意剪辑类短视频

创意剪辑类短视频是将不同的影视作品基于一定的共同点,如台词、音乐等元素剪辑在一起的二次创作,形成一种冲击感,如"Hammer"系列漫剪短视频(见图1-22)。

图 1-22　创意剪辑类短视频代表作品

7. 个人展示类短视频

展示颜值、才艺类型的短视频在各大短视频平台上最为常见,许多拥有高颜值的视频主角在短期内就能收获很多粉丝,而拥有独特才艺的短视频内容创作者也能够引起网友们的围观和追捧,如"朱铁雄"变装短视频系列(见图1-23)。

图 1-23　个人展示类短视频代表作品

思考与练习

想一想,你经常看或者喜欢看的短视频属于什么内容类型的作品?

三、短视频与长视频的区别

(一)内容生产

短视频创作的门槛较低,时长一般在 5 分钟左右,一部手机就可以完成拍摄、剪辑和发布的全流程,这使得越来越多的人加入短视频的创作队伍。长视频拍摄无论是对拍摄的团队,还是对拍摄的器材都有严格的要求,并且拍摄周期动辄数月,预算很高,故长视频产出的数量不多。可见短视频在内容的生产成本、生产工具、产出的丰富性方面都远远优于长视频。

(二)内容消费

在传统媒体盛行的时代,人们都是在电视和电脑上观看长视频,长视频不适合人们碎片化消费习惯的养成;而如今随着手机的升级迭代、5G 时代的到来、网络资费的降低,人们在任何时间和地点都可以观看短视频,从而促进了碎片化消费的实现。

不仅如此,由于算法推荐带来的个性化分发技术,用户可以在短视频平台中直接看到自己感兴趣的内容,这导致用户变得不再深度思考,习惯于被动地接受平台的内容推送。相较于长视频的沉浸感,短视频要求直接把视频最精彩的部分展示给用户,这促使很多视频平台增加了倍速功能,以抓住用户注意力、节省用户时间。

(三)内容分发

人工智能技术为内容分发提供了条件。短视频通过关系分发、算法分发,效率会高于长视频的中心化分发。在如今的短视频平台上,每个人都可以看到自己喜欢的个性化内容,形成"千人千面"的现象,用户随时可以接收到算法根据用户画像推荐的短视频,而且用户看到喜欢的内容时可以一键分享给好友,实现内容的裂变传播。

长视频的内容分发属于中心化分发,用户一般根据电影档期、电视节目表选择观看,选择的局限性容易形成"千人一面"的现象,内容的分发效率较低。

(四)内容传播

前面讲的都是短视频与长视频相比的优势,而在内容传播方面,短视频不及长视频。长视频重在"营造世界",而短视频重在"记录当下"。

无论是电影、电视剧还是纪录片,因为视频的时间长,可以营造一条完整的故事线,将人物设定、环境设定和情节发展等有条不紊地呈现给用户,通过拍摄技巧、艺术构图、有吸引力的情节把用户带入故事的世界。由于沉浸在长视频的氛围和场景中,用户处于高唤醒状态,容易产生主动消费行为。

短视频的感染力和共情度相对来说就逊色得多,其"短平快"的特点注定了内容以碎片化的形式呈现。虽然几分钟的短视频可以让用户在空闲时间放松心情,但是短视频内容质量参差不齐,且用户常抱着"看短视频花不了多少时间"的心态,不知不觉间延长了内容消费的时间,但是最终用户的记忆度不高,一般刷完以后印象深刻的内容所剩无几。

> **思考与练习**

从剧本创作角度上讲,你认为短视频剧本编撰与长视频剧本编撰有什么区别?

第二节 短视频平台基础操作入门

一、几种主要短视频平台定位及算法机制

截至 2020 年 9 月,在手机应用商店中位列前五的短视频 APP 分别是抖音、快手、微信视频号、哔哩哔哩、小红书。其中,微信视频号于 2020 年上线,作为后起之秀迅速进入人们的视野,吸引了人们的关注。

(一)抖音:记录美好生活

抖音是北京字节跳动科技有限公司旗下的产品,它于 2016 年 9 月上线,是一个专注于年轻人音乐短视频的社交平台。用户可以通过这款软件选择歌曲,拍摄音乐短视频,生成自己的作品。

2019 年 12 月 15 日,抖音入选"2019 中国品牌强国盛典十大年度新锐品牌"。

2020 年 1 月 5 日,抖音日活跃用户数量超过 4 亿。

2021 年 12 月 16 日,抖音电商独立 APP 抖音盒子在安卓系统和 iOS 系统正式上线;抖音盒子是抖音推出的一款面向年轻人的潮流电商平台。

2022 年 1 月 20 日,抖音推出了 PC 版客户端,用户可在联想软件商店进行下载。9 月,抖音上线 Mac 客户端。

1. 用户画像

根据 QuestMobile 发布的《2020 年抖音用户画像报告》,抖音用户男女比例大致均衡,男性用户略多;30 岁以下的用户占比较高;用户地域覆盖面广,从一线到五线城市均有一定的占比(见图 1-24)[①];19—24 岁、41—45 岁的男性用户偏好度高,且更偏爱军事、游戏、汽车等内容;19—30 岁的女性用户偏好度高,且更偏爱美妆、母婴、穿搭、娱乐等内容。抖音用户的地域分布也十分广泛,根据 2020 年第二季度抖音视频平均播放量省份榜单来看,北京居于榜首,东三省(辽宁省、吉林省、黑龙江省)均挤进前 5 名,江、浙、沪地域也榜上有名,呈现出由东南沿海向内陆纵深推进的态势。

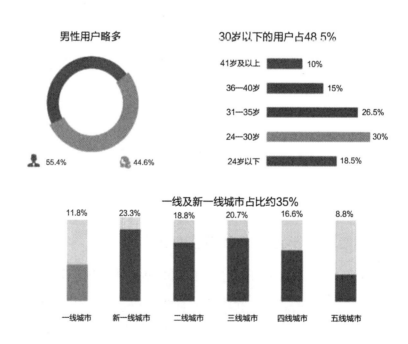

图 1-24 抖音用户画像

---

① 巨量算数:2020 年抖音用户画像报告[EB/OL]. (2020-03-18)[2023-01-24]https://m. 163. com/dy/article_cambrian/F8067CL80511ANPT. html.

2.平台优势

(1)技术先进

抖音拥有精准的流量推荐机制,其通过大数据算法计算用户的内容偏好,实施精准的个性化推荐,并且抖音采用的是中心化的流量分配机制,会给拥有较多粉丝的 KOL 分配更多的流量。

抖音还拥有许多新奇玩法,通过 AI/人脸识别/3D 等技术,打造不一样的视觉效果,例如,"变声""控雨""换发色"等功能为用户提供了更多趣味拍摄的选择。

(2)变现潜力大

抖音拥有数量庞大的年轻消费群体,他们对新鲜事物的接受能力强,不仅是生活必需品的消费主力军,还是新兴产品的推动者;抖音中多样化的内容也是品牌方植入广告、进行品牌营销的渠道之一。

(二)快手:记录世界记录你

快手的前身是"GIF 快手",其作为一款用来制作 GIF 的软件诞生于 2011 年;2012 年 11月,快手从"GIF 快手"工具应用转型为短视频社区;之后,正式更名为"快手"。

1.用户画像

易观千帆 2021 年调查数据显示,快手用户男女比例差别不大,分别为 55.8% 和 44.2%,[①]其中主要集中在二线以及三线城市(见图 1-25)。数据显示快手近年来的使用人群呈现年轻化特征,24 岁以下人群和 25—30 岁的人群占比分别达到 20.7% 和 26.0%。

2.平台优势

(1)去中心化原则保护普通用户

快手流量分配坚持去中心化原则,坚持内容质量与社交关系各占一半的推荐算法,避免优势账号"一家独大"的局面,为普通账号提供机会,让普通人可凭借实用内容被许多人看到。

(2)不断完善电商体系

电商变现是快手平台变现的方式之一,即通过内容吸引粉丝,向其他电商平台导流,在用户成功消费之后,通过分成获取佣金。"直播带货"是近些年的一大热词。快手在 2021 年提出"大搞信任电商、大搞品牌、大搞服务商"的战略,通过平台链接操盘手和客户,让更为专业的服务商能够以垂直服务解决直播运营的专业性问题,帮助包括主播和品牌在内的商家成长,为其提供标准化和确定性的增长路径。与此同时,快手在 2022 年 6 月 10 日,在四川

---

① 2021 年中国三大直播平台用户性别分布及淘宝 & 快手直播带货达人榜对比分析[EB/OL]. (2021-10-02)[2023-02-11]https://www.iimedia.cn/c460/81769.html.

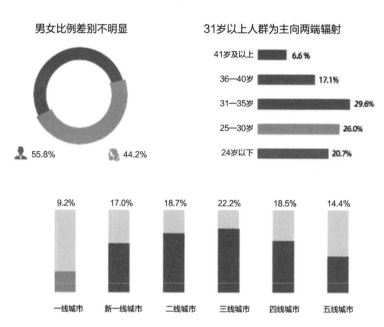

图 1-25 快手用户画像

成立成都快送供应链管理有限公司,通过不断强化供应链体系,为用户提供性价比高的源头好货。

(三)微信视频号:记录真实生活

微信视频号是继微信公众号、小程序后又一款微信生态产品。2020 年 1 月 22 日,腾讯公司官微正式宣布开启内测的平台。微信视频号内容以图片和视频为主,可以发布时长不超过 1 分钟的视频,或者不超过 9 张的图片,还能带上文字和公众号文章链接,而且不需要经过 PC 端后台,可以直接在手机上发布。

1. 用户画像

微信视频号内部数据显示,用户呈现如下几大特点(见图 1-26):主要活跃用户年龄在 20—45 岁之间;新一线城市的用户最活跃;男性用户比女性用户多一点。同时,用户使用视频号的时间和使用微信的时间基本一致。

2. 平台优势

(1)和微信作为一个整体,共享用户

截至 2020 年第一季度,微信月活跃用户数高达 12.025 亿。由此可见,微信视频号与其他短视频相比具有的显著优势就是,不用另外下载软件,并且可以和微信共享用户,直接实现分流。

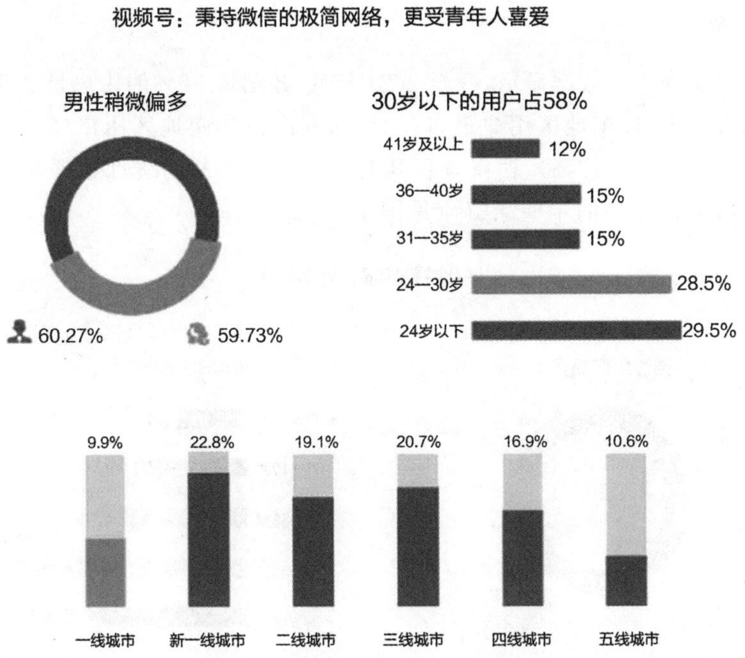

图 1-26　微信视频号用户画像

微信视频号的主要入口在微信"发现"菜单栏中仅次于"朋友圈"的位置。从微信视频号的这个入口也可以看出,微信把微信视频号当作下一个重点培养对象。微信视频号作为一个新兴的短视频战场,将会为短视频生态圈内的所有人提供更加庞大的流量体系,使内容创作者、商家、资本都能得到流量普惠。

(2)可连接公众号,与公众号互相引流

微信视频号可以添加公众号链接,公众号内也有微信视频号的入口,因此,微信视频号可以与公众号互相引流。

(3)开创以社交推荐为主的推荐模式

微信视频号的社交推荐主要有两种优势:一是发现页中的小红点提醒是"好友点赞""好友在看的直播"等,即使用户没有关注该视频号,但是会出于从众心理,去了解好友所关注的内容,进而实现视频的传播扩散;二是用户在观看完感兴趣的视频后,可以直接将其转发给微信好友或是分享到朋友圈,避免跨平台推荐的种种限制。

(四)哔哩哔哩:你感兴趣的视频,都在 B 站!

哔哩哔哩英文名称为 bilibili,简称 B 站,该网站于 2009 年 6 月 26 日创建,是中国年轻一代高度聚集的文化社区和视频网站。B 站早期是一个 ACG(动画、漫画、游戏)内容创作与分享的视频网站。B 站的用户画像以年轻用户群为主,用户兴趣广泛,创作能力强。经过多年的发展,B 站围绕用户、创作者和内容,构建了一个源源不断产生优质内容的生态系统,形成了涵盖 7000 多个兴趣圈层的多元文化社区。

1. 用户画像

蓝狮问道提供的统计数据显示,截至 2021 年底,B 站近 82% 的用户是 Z 世代用户,大多数是中学生和大学生,华东地区用户最多(34%),其次是华南地区用户(21%)、华北地区用户(17%)、华中地区用户(15%)、西南地区用户(13%)。B 站的统计数据显示,北上广的大学生和中学生占 B 站用户的半壁江山①(见图 1-27)。

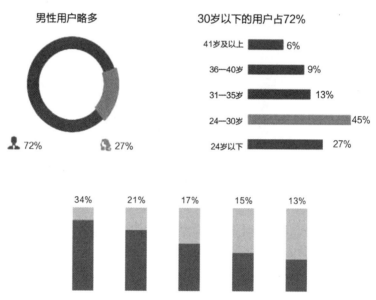

图 1-27　B 站用户画像

2. 平台优势

(1)拥有独特的弹幕文化

B 站的弹幕可以连接在不同时间和空间观看同一视频的用户,大家在视频上打弹幕,实现跨越时空的共时性讨论,满足用户的社交需求。

(2)学习属性强

2017 年,B 站上出现了以"study with me"(跟我一起学)为主题的陪伴式学习直播,UP主和观看用户通过网络连接营造一种积极的学习氛围。此外 B 站上还有许多学习资源,从学科课程到专业技术均有涉及,用户可以根据自己的需求进行筛选学习,例如"南门录像厅"UP 主就通过上传自己制作的 PR 剪辑技巧而拥有近 40 万的粉丝。

① B 站广告推广,bilibili 品牌推广营销案例分析[EB/OL].(2023-01-31)[2023-02-12]. https://baijiahao. baidu. com/s? id=1756504443994218009&wfr=spider&for=pc.

（3）广告极少

B站广告形式有原生信息流、商业起飞和UP主营销三种。和其他视频不同的是，B站在视频的开头和播放视频的途中没有插播广告，不会影响用户的观看体验。

（4）用户收入方式多样

B站的用户收入方式包括官方扶持、充电计划、直播等。

① 官方扶持。当创作者发布的全部视频总播放量达到10万，或者电磁力等级达到Lv3且信用分不低于80分时，就可以加入"创作激励计划"。之后，其视频播放量就可以直接换算成收益，1万次播放量大概可以获得30元的收益，此外还有每周爆款激励和涨粉攻擂赛，激励UP主创作视频。

② 充电计划。用户在看完视频后，可以消费"b币"为喜爱的创作者"充电"，也就是人们俗称的"打赏"，B站官方抽成30%。这对于创作者来说是很直接的收益。

③ 直播。用户通过实名认证的账号使用支付宝快捷方式认证就可以进行直播，收益和官方平台五五分成。在B站，创作者可以在自己的视频中根据情节等来植入商业推广内容进行流量变现，多以软广告的形式将产品广告植入视频中。

（五）小红书：标记我的生活

小红书是国内高品质的境外购物社区。小红书以分享生活为切入点，引导用户自发推介产品，交流消费体验，从而吸纳了一批具有中高等消费能力的优质用户。

1.用户画像

如图1-28所示，小红书以女性用户为主，用户年龄层偏低，其中18—24岁的用户占比高达46.39%。千瓜数据独家推出《2022年千瓜活跃用户画像趋势报告（小红书平台）》，对2022年小红书全行业活跃用户进行洞察，并针对美妆、美食、母婴、家居、服饰穿搭、宠物、减肥健身7大行业核心人群进行解析，为品牌洞察小红书不同群体画像和消费趋势提供数据支持和营销方向。

报告显示，在小红书平台美妆内容中，彩妆、护肤和洗护香氛三大细分行业下，用户人群标签占比最多的均为"流行男女""爱买彩妆党"和"专注护肤党"，因此美妆品牌在筛选小红书达人时可以以这三个标签为主要参考，更容易触达目标人群。[1]

2.平台优势

（1）"种草笔记"刺激消费

在小红书，许多内容创作者通过分享时尚穿搭、化妆技巧、品质好物等笔记，引导其他用户学习，同时激发其他用户购买同款产品的欲望，形成良好的消费循环。

---

[1]　2022年小红书活跃用户画像报告：7大行业核心人群解析[EB/OL]. (2023-01-24) https://zhuanlan.zhihu.com/p/490520398.

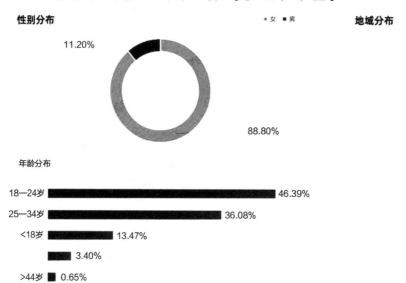

千瓜数据

千瓜活跃达人粉丝人群画像（小红书平台）

性别分布　　　　　　　　　　　▫女 ▪男　　　　　　**地域分布**

11.20%

88.80%

年龄分布

18—24岁	46.39%
25—34岁	36.08%
<18岁	13.47%
	3.40%
>44岁	0.65%

数据说明：选取2022年1月1日—3月8日发布过笔记的小红书全行业5000粉丝以上达人活跃粉丝数据，部分数据已做脱敏化处理，千瓜数据。

千瓜数据　　　　　　　　　　　　　　　　　　QIAN-GUA.COM　12

美妆用户人群重点标签：流行男女

在小红书平台上的彩妆、护肤、洗护香氛三大细分行业下，用户人群标签前三均为"流行男女"、"爱买彩妆党"和"专注护肤党"，其中"流行男女"的占比总和最高，分别为15.02%、13.33%、13.56%。

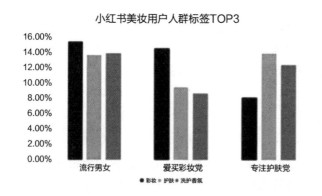

小红书美妆用户人群标签TOP3

▪彩妆 ▪护肤 ▪洗护香氛

千瓜人群标签定义

流行男女：无年龄限制；紧跟当下热门趋势，对于穿搭、美妆、明星娱乐资讯等内容关注较多。

爱买彩妆党：18—30岁；爱美、爱生活，除了关注精致的妆容、彩妆用品，也喜欢穿搭、发型、摄影等展现自己美的事物。

专注护肤党：20—35岁；爱美、爱护肤，对于护肤成分以及产品等较为关注。

图 1-28　小红书用户画像

（2）打造新的"品质消费"

小红书上许多内容创作者的笔记不仅仅是在"带货"，而且是在努力促进一种新的生活方式的形成。许多年轻用户不仅根据平台上的内容购买商品，还想拥有发布者背后的整个精致生活，所以用户不会仅消费一次，很可能为了满足自己追求品质生活的愿望而进行多次消费。

思考与练习

说一说抖音与快手、微信视频号在内容推荐机制上有什么不同。

二、三种短视频内容生产方式

（一）UGC

UGC 全称为 User Generated Content，即用户生成内容，也就是非专业个人生产者自主创作并上传内容。UGC 具有成本低、制作简单、商业价值低、社交属性强等特点，但内容质量良莠不齐。如今，人们在抖音、快手等短视频平台看到的许多短视频都是 UGC 短视频。

（二）PGC

PGC 全称为 Professional Generated Content，即专业生产内容，是指专业机构创作并上传内容，通常独立于短视频平台。PGC 具有编排及人气基础、商业价值高、主要靠流量盈利等优势。PGC 短视频的制作成本较高，对视频的内容策划、编排、拍摄和制作的要求也较高，因此，这类短视频通常内容精良，商业价值大，依靠内容变现，具有很强的媒体属性，其内容容易成为热点话题。例如，央视推出的"主播说联播"栏目就属于这种。

（三）PUGC

PUGC 全称为 Professional User Generated Content＋ User Generated Content，即专业用户生产内容，是指拥有粉丝基础的网红或者拥有某一领域专业知识的关键意见领袖，创作并上传内容。其成本较高，对专业和技术要求也较高。PUGC 短视频通常内容质量较高，能吸引更多粉丝，商业价值较高，可以依靠流量变现，不仅具有社交属性，还带有媒体属性，比较容易引发话题。

思考与练习

为什么说 MCN 机构是短视频制作的未来发展模式？

三、短视频流量标签打造与平台定位

在根据平台进行自我定位前,要先进行短视频制作与运营策略分析,它可以将前期复杂零碎的准备过程转化为具体的实施方案,使得短视频团队的每个成员都清楚地知道自己应该做什么、从什么地方入手。短视频制作与运营策略分析还可以使短视频内容最终呈现得更加完整,从众多的同类短视频中脱颖而出,获得用户的认可。短视频可繁可简,绝大多数看似简单却备受大众追捧的作品,背后都有明确清晰的制作与运营策略规划。

(一)平台运营规划

平台运营规划包含以下三个方面的内容。

1.行业市场竞争环境分析(包含竞品、用户习惯分析等)

平台进行行业市场竞争环境分析包括对竞品、用户习惯等进行分析,主要是为了找到短视频账号的独特卖点以及缺点,通过竞品分析认清同类短视频账号的竞争实力,扬长避短,把宣传重点明确放在产品优势卖点上;同时学习竞品优点,通过对竞品投放策略、营销策略的分析,结合自身实际情况,取其精华、开拓创新。另外,通过对用户习惯的分析,鲜明地建立 IP 品牌,有利于平台快速了解陌生行业和市场竞争格局,抓住市场先机,进行有准备的营销策略之战。

2.账号方向及战略定位

定位是个较为宽泛的概念,在商业上,"定位之父"杰克·特劳特说过:所谓定位,就是令你的企业和产品与众不同,形成核心竞争力;对受众而言,即 IP 信赖感。[①] 短视频账号定位主要考虑以下几点。第一,你是谁?第二,你要给客户看什么内容?第三,你和别人做的东西有什么不同?第四,用户为什么要看你?第五,你这样做有自己的优势吗?

所以,短视频制作与运营的第一步就是做好账号定位。首先,账号定位可以给用户明确的第一印象。就像在生活中,我们可以第一时间看到某个人的外貌特征,账号定位能够让用户快速地了解这个账号是做什么的。其次,账号定位可以实现差异化突围。这里的差异化突围包括两个方面:一方面,可以让平台认识到账号的差异化;另一方面可以让用户认识到账号的差异化。再次,账号定位可以让整个团队明确自己内容生产和变现的方向。只有结合用户的需求、自己的内容生产能力、变现的方式去做好账号定位,才能保持后续内容的持续产出,保证账号的持续化运营。最后,短视频平台的相关机制也提出了做好账号定位的要求。良好的账号定位通过分析和迎合短视频平台的喜好,持续获得流量的扶持。当下所有的互联网平台都希望拥有更多持续在特定领域产出垂直内容的账号,这样的账号和内容对平台来说更有价值。

---

① 王林.攻心为上——定位理论及其应用[J].企业改革与管理,2000(11):37-39.

3.明确账号内容调性

短视频账号内容调性可以简单地理解为短视频的风格和倾向,比如怀旧、炫酷、都市等。"调性"这一词如今常出现在一些短视频平台当中,一些短视频创作者往往有专属调性,即自己的制作风格。短视频账号内容调性不仅是自媒体多样化发展的重要推动力,也是自媒体从业者立足于行业的根基所在。这里我们利用品牌个性推导模型——品牌三元法来分析确定短视频账号内容调性(见图1-29)。传统的方法是通过多个维度推导关键词,再用情绪板或头脑风暴的方式发散确定内容调性。这样的方法可能会局限创作者的思路,也无法带来有效的个性化的调性。品牌三元法注重的是平衡账号以及用户、情感的关系,维持理性与感性的平衡。使用品牌三元法前需要通过"品牌三板斧"来确定产品的视觉锤(视觉元素)和语言钉(精炼语言表达品牌理念),在这之前的账号定位要非常清晰才行。

下面让我们来看看如何操作这个品牌三元法:首先,将之前获得的账号相关词语分成理性和感性两组;其次,将与账号、理性有关的词语和与用户、感性有关的词语分别列举出来;最后,在艺术升华阶段,围绕上一步列举的词语创作有画面感的个性词。

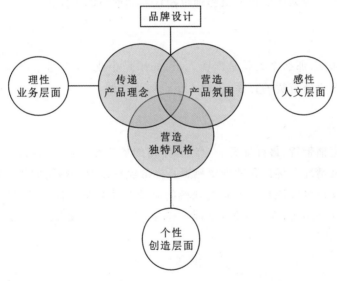

图 1-29 品牌三元法

(二)团队人员选择与创建

有了明确的账号定位后,就要开始账号的实际运营。在运营之初,有时一个人可以完成全部工作,但随着业务量的增加,一个人运营起来必定是困难的,这时候创建短视频团队是非常必要的。接下来,我们简要介绍最基本的短视频团队所包括的岗位以及每个岗位对应的工作内容。

1.运营

这个岗位对综合素质的要求比较高,担任这个岗位的人员不仅要能做策划,还要能监督拍摄,进行场地、设备、道具等的管理,还要对短视频的数据进行分析。在短视频团队创建初期,一般由管理者担任运营岗,确定方向;后期团队扩大,账号增多,可以再培养或者招聘几个编导负责运营业务,分工管理或者分组管理都可以。如果是想创建一支个人的短视频团队,这个岗位的人员还要负责后期的商品橱窗选品、对外商业合作联络等事项,责任大、任务也重。

2.文案策划

文案策划的主要职责是依据短视频团队的运营方向,结合用户的需求,制作视频的脚本。文案策划要擅长捕捉热点和把握人性,建议这个岗位由对互联网热点比较敏感的人担任。

3.摄影师

摄影师的主要职责是负责短视频的拍摄。在团队运营初期,摄影师有时还要兼顾灯光、麦克风等拍摄设备的管理工作。

4.后期

后期工作人员的职责就是将拍摄好的素材,按照文案提供的脚本进行剪辑,让视频变得更有吸引力。部分短视频团队里的摄影师也担任后期剪辑的工作。

5.出镜人员

如果是个人团队,那么个人就是出镜人员;如果是企业,那么这个出镜人一定要符合企业的调性。如果有直播带货的打算,出镜人员也要当主播。

6.场控和助理

如果团队想直播带货,最好配备一个经验丰富的场控和助理,这样能帮播主处理直播间出现的大部分突发情况。场控和助理要熟悉直播的流程以及直播间的各种注意事项。

以上这六个岗位可以说是一个初见规模的企业搭建短视频团队所必需的配置,但是并不代表一定要招这么多人,在团队创建初期一般都是一人身兼数职,人数并不是短视频团队的核心,工作内容才是。

> **思考与练习**

在抖音短视频平台搜索一个具有 300 万以上粉丝的美食类账号,分析其账号定位及运营规划。

四、账号平台完善及上线准备

(一)账号开通

这里以抖音为例,说明短视频账号申请注册流程(见图 1-30)。

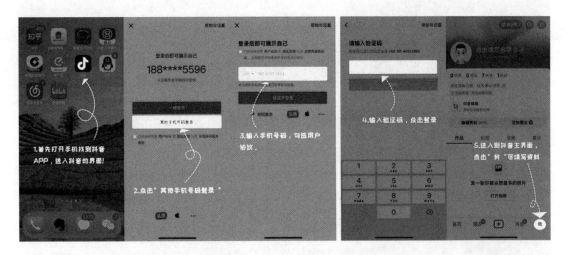

图 1-30 抖音账号注册步骤

第一步,打开手机,找到抖音 APP,进入抖音界面。

第二、三步,点击页面下方的"我",输入手机验证码,勾选用户协议。如果之前有绑定手机号,可以勾选"其他手机号码登录"进行注册。需要注意的是,注册时手机号不要使用虚拟号段(虚拟号段主要指阿里小号类,包括一些接码平台的手机号)。

第四步,输入验证码,点击登录。注册成功后进入资料填写,也可以点击右上角的"跳过"不填。

第五步,再次点击"我",就可以看到抖音号了。注册时没有填写资料的,这时可以填写资料。

个人开通抖音账号之后,可以申请变更为企业号。具体步骤如图 1-31 所示。

第一步,手机打开抖音 APP,点击右上角的"三横"图标。

第二步,在弹出的右侧窗口种,点击"设置"选项。

第三步,进入设置页面,点击"账号与安全"。

第四步,进入账号页面后,点击"申请官方认证"。

第五步,点击"0 元试用企业号"。

第六步,点击"企业认证"。

第七步,点击"去上传",跳转至填写资料界面。

第八步,提交申请,等待审核即可。

企业号后续还可以认证为蓝 V。认证蓝 V 的企业号将享有包括蓝 V 认证标识、搜索排名靠前、购物车功能、个人主页自定义、60 秒长视频开通、视频置顶权益、主页链接跳转、POI认领、DOU+功能、私信自定义及粉丝精细化管理权益在内的多种营销特权。企业认证蓝 V 在流量分配上也有一定的优势。

图 1-31　企业号注册步骤

(二)账号设置

账号注册完成之后,就需要对账号进行设置,主要包括账号名称、头像、主页(背景图)、账号简介、绑定信息、视频封面等。

1.账号名称

账号名称最重要的目的是让用户更加清晰地认知账号的价值,从而引发用户关注。账号名称要做到好记忆、好理解、好传播。表 1-5 介绍了几种供参考的账号名称类型。

表 1-5 账号名称类型

类型	名称	特点
学习成长型	跟小城学英语	契合抖音用户的技能学习和提升需求,精准定位
特定人群型	汪星人基地	定位垂直行业的细分用户群体
职业昵称型	资深 HR 仙女柔	职业+昵称的方式命名,清晰简洁
意见领袖型	财经半小时	适合某个领域有权威的人物打造 IP,输出专业内容
时间标签型	睡前故事	时间+目的,提醒粉丝到点看账号
号召行动型	一起瘦到 90 斤	凝聚具有相同目标的用户关注账号

2.头像

头像代表的是个人形象,头像要注意好看和真实这两点。好看的头像让人感觉赏心悦目,可以极大地提升账号品牌价值,增加可识别度和信任度;真实的头像容易让用户产生亲切感。企业号的头像一般是 logo 加文字,有助于用户记住自己的品牌,在设计上,头像要符合企业整体的风格定位,并且简洁清晰。如果是打造个人 IP 的抖音账号,则以个人形象为主,配合账号定位展示个人风格。

3.主页(背景图)

主页(背景图)是账号主页顶部最大的宣传位置,图片类型有企业实景、人物、关注引导、产品展示四种。需要注意的一个细节是,用户手动往下拉才能看见这部分的全部内容,所以重要的信息应该放在头图的中间位置。主页是天然的广告位,可以再一次展示账号定位,带来潜在价值。

主页(背景图)有引导性头图和个性类头图两种类型。其中,引导性头图通过引导性话语提示用户关注账号;个性类头图通过展示业务内容或产品特点,引导用户关注自己的独特点。

抖音背景图有固定的尺寸,即 1125×633(单位像素),其中上半部分的尺寸为 1125×395(单位像素),中间部分(红色区域)尺寸为 633×633(单位像素)。

4.账号简介

账号简介要简单明了、一针见血地告诉用户该账号是做什么的,一般提取一两个重点放在里面,且不要有生僻字,以方便用户搜索。

一个好的账号简介需要遵循三个原则:一是容易理解,让人一看就知道说的是什么;二是简洁明了,语言精简,逻辑清晰;三是有价值,考虑用户的利益。图 1-32 展示了抖音说车类排名前三的账号风格。

一个常用的账号简介内容公式为:账号定位+专业背书/品牌简介/团队情况+营业时间/直播时间。下面是两个参考案例。

图 1-32 抖音说车类排名前三的账号风格

【案例1】

我是设计师李三,专业从事室内设计20年,我经营的李三设计工作室位于河北石家庄,拥有设计师团队20人,可为全国所有城市业主提供免费设计服务,为河北省业主提供免费上门量房设计服务。营业时间8:00 22:00,直播时间每周一三五20:00。关注我,带你爆改小户型。

【案例2】

好好工作,好好说话,每天一条职场为人处事;玩转社交,方能玩转新社交;多年实战营销筹划。

5.绑定信息

性别、地区、学校、生日等个人信息应尽量完善,完整的个人信息能够提高账号的推荐权重。此外,一定要绑定手机号,第三方账号(QQ、微博、微信)也要绑定。

6.视频封面

视频封面就是主页呈现的发布视频的封面,它占据了个人主页的绝大部分空间,也是用户观看作品的入口之一。在选择封面的时候,有一些需要注意的点:第一,要突出视频标题,因为用户是通过浏览封面快速选取感兴趣的视频进行观看的;第二,一个系列的视频内容应保持统一风格,景别、字幕位置、字体大小等尽量统一,以呈现更好的视觉效果;第三,尽量设计静态封面,系统默认的封面是动态封面,是类似GIF格式的动图,但是大多情况下,动态封面的效果不是很好,可以在设置里把动态封面关掉,换成静态封面。

本章实训内容

建立及设置自己的抖音或微信视频号账号。

【注意要点】

第一步：账号定位

账号定位之前，创作者必须要考虑清楚走哪一个方向，因为不同的方向，内容的风格不一样，拍摄和制作作品的方式不一样，变现的方式也不一样。方向确定后，就需要结合自身的优势，寻找自己擅长的领域。

第二步：账号搭建

注册账号的时候要秉承"一机一卡一号"的原则。注册账号的手机、登录账号的手机、发布作品的手机、回复抖音私信评论的手机、直播的手机尽量是同一个，避免因为频繁切换造成账号异常。

第三步：账号包装

好的账号包装能提高用户关注率，能够最大限度地留住用户。账号包装要与账号内容基调保持一致，账号资料及名称一定要容易记忆、贴合定位、体现价值。

第四步：账号养成

养号的目的是让系统识别确认该账号不是营销号，利用抖音算法机制来给账号打上标签。

抖音养号期间需要持续随机浏览视频并点赞关注评论，切记不要刷粉、刷赞等。

第五步：分析并总结账号优缺点

搜索同类型账号，比较其账号定位及包装与自己账号的异同点；收集和整理周边朋友和同学对自己账号的建议和反馈等，对账号做进一步完善工作。

短视频策划与文案创作 第二章 ●

知识目标

1.掌握短视频策划的含义、方法和原则。

2.了解脚本的类型和设计要点。

3.掌握故事情节类脚本创作的一般方法。

技能目标

1.掌握短视频脚本的类型和设计要点。

2.能够灵活运用所学知识创作剧本、设计脚本。

情感目标

1.在独立创作各种类型短视频剧本的过程中,学会与人交流的技巧,乐意与人沟通。

2.在短视频策划与文案创作过程中,树立正确的价值观,以积极的思想对受众进行引导。

第一节 短视频策划与创意概述

一、短视频策划

(一)定义

什么是策划?策划是一种策略、筹划或者计划、打算,它是个人、企业、组织结构为了达到一定的目的,在充分调查市场环境及相关联的环境的基础上,遵循一定的方法或者规则,对未来即将发生的事情进行系统、周密、科学的预测并制定科学可行的方案。也就是说,策划是一种对未来要采取的行动做决定的准备过程,是一种构思或理性思维程序。短视频策划就是从受众需求出发,在短视频拍摄之前对拍摄的内容、播放的渠道和播放的效果等进行统筹策划,以获得尽可能多的流量。优秀的短视频通常具有良好的策划方案,一些精密的、有水平、有创意的策划能让短视频作品主题鲜明,且具有很强的观赏性。

(二)短视频策划的方法

短视频策划主要有以下四种方法。

1.头脑风暴法

头脑风暴法是刺激和鼓励一群知识渊博、了解风险的人自由发言、进行集体讨论的方法。头脑风暴法可分为直接头脑风暴法和质疑头脑风暴法。前者是在专家组中做出决定,尽可能激发创造力,产生尽可能多的想法的方法;后者是逐一质疑前者提出的想法和方案,分析其实际可行性的方法。头脑风暴法的主要特点是让参与者敞开心扉,让各种想法在相互碰撞中激发创造性思维。

2.故事模型法

故事模型法是通过固定的故事结构模型进行内容策划的方法。短视频策划的主要任务是内容策划,内容策划的主要形态是故事策划,而故事策划的主要组成部分是结构,因此掌握合理的故事结构模型至关重要。故事的基本结构模型跟视频的时长无关,一部时长为120分钟的影片故事和时长为15秒的短视频故事的故事结构模型是类似的。好莱坞剧本创作有一种经典的方法,即起承转合(即三幕剧结构),也可以延伸出"目标—阻碍—努力—结果"或"目标—意外—转折—结局"等不同类型。

3.内容扩展法

内容扩展法指的是运用发散思维,由一个中心点向外扩散、不断延展内容的方法。这种方法使得内容由点及面、由线成面。通常,内容拓展法又可以分为三个层次:一是人物扩展;二是场景扩展,即在罗列出人物扩展关系以后,围绕人物扩展关系进行场景扩展;三是事件扩展,有了人物和场景以后,还需要构思事件,进行事件扩展。

4.节奏掌控法

节奏掌控法是通过策划短视频的节奏来吸引用户注意力的方法,可以参考"1-3-5-9"注意力吸引策略:"1"代表在短视频的第1秒,给用户一个点开或驻足观看的理由;"3"代表短视频要在3秒内完成开篇点题的任务;"5"代表要将劲爆的内容在前5秒进行集中放送;"9"代表在第9秒的时候开始引导用户留言、关注、转发、点击下一个、购买链接中的产品等。

思考与练习

假设吴波是一个农民，以种菜、卖菜为生，他爱好美食且做过几年的厨师。请你以这些信息为基础，利用故事模型法，尝试撰写一篇短视频策划方案。

二、短视频策划原则

(一)明晰网络视频的价值取向

随着互联网技术的迅猛发展，各类短视频平台层出不穷，海量短视频充分满足了人们休闲娱乐的需求。在这些平台给人们的休闲娱乐带来利好影响的同时，我国相关部门也加大了对网络视频平台的法律监管力度，确保网络视频平台在进行视频传播的过程中，能够充分契合社会责任意识要求，在法律允许的范畴内进行视频内容的制作与传播。

1.网络视频内容管理规范

2019 年出台的《网络短视频内容审核标准细则》，统一了短视频内容审核标准，短视频监管对标长视频。

2021 年 12 月 15 日，中国网络视听节目服务协会发布了《网络短视频内容审核标准细则》(2021)(以下简称《细则》)，旨在提升短视频内容质量，遏制错误、虚假、有害内容传播蔓延，营造清朗网络空间。

《细则》中的互联网视听节目服务，是指制作、编辑、集成并通过互联网向公众提供视音频节目，以及为他人提供上载传播视听节目服务的活动。《细则》确立了内容审核基本标准以及具体细则，具体审核要素包括政治导向、价值导向和审美导向，要求网络播放的短视频节目标题、名称、评论、弹幕、表情包等，不得出现攻击我国政治制度、法律制度或损害国家形象、破坏社会稳定的内容。

视频内容的管理规范，有利于规范网络视频传播秩序，提升网络视频内容质量，促使网络视频平台提供更多符合主流价值观的产品。

2.网络视频内容的基本要求

"内容为王"是短视频制作必须坚持的基本理念。内容是短视频的核心竞争力，如果内容不精彩、不新鲜、不实用，短视频就难入公众"法眼"。短视频在内容上绝不能"短"，要充分发挥自身的优势，在内容的深度、广度和表现力上下功夫，只有不断推出精彩的原创作品，才能持续吸引公众的眼球，也为自身的发展注入源源不断的活力。目前，受众对短视频的功能需求已经不仅仅满足于娱乐，还渴望从中获取知识，促进个人的进步，这就要求短视频在内容的深度上做文章，把各类资讯、信息和知识融入短视频，使其具备文化性、思想性。从主流价值观体系来看，网络视频原创内容主要有如下五项基本要求(见表 2-1)。

表 2-1 网络视频原创内容的基本要求

维度	具体说明
创意性	视频内容构思独特,视角新颖,让人耳目一新。创意性是影响受众是否选择观看的关键因素
知识性	内容有价值、具有一定的专业性的视频更容易在信息流中脱颖而出。无论是对于科普类视频,还是对于教育类视频来说,知识性较强的"干货"都很重要
娱乐性	用户看短视频的主要目的是放松心情,娱乐的形式和有趣的内容更容易带给受众轻松、愉悦的感官享受
情感性	视频内容能够真实地表达人物的情感,通过亲情、友情、爱情引起受众共鸣
积极性	视频内容充满正能量,保证输出健康的内容,不违背规范要求,不包含色情、暴力等内容

(二)制定具有可行性的策划方案

在制定短视频策划方案时,策划者首先必须确保方案具有可行性,要根据自己所拥有的设备、能力以及团队进行全面考量。

1.设定阶段性目标

虽然一个视频作品最终的时长可能仅有几分钟,但是从内容策划到拍摄制作再到最终的运营,每一步都是烦琐且关键的。为了确保视频的顺利制作,策划者可以把工作流程分成一个个阶段,设定阶段性目标,为拍摄团队指引方向,使其有条不紊地完成每一步的工作。

2.重视备选方案

在策划不同主题视频方案的过程中,策划者需要考虑有可能发生的意外情况,例如天气、场地等。为了确保最终方案的真正落实,策划者必须重视这些意外情况的关键点,并制订备选的解决计划。同时,策划者在策划过程中要明确拍摄的目的和主线,按照事情的重要与紧急程度进行排序,优先解决重要且紧急的关键问题,从而保证方案的有序执行。

3.合理利用资源

这里的资源包括硬件和软件两个方面:硬件是指拍摄的器材、所拥有的道具等;软件是自身所拥有的技术。而在所有资源中,资金是最基本,也是最重要的。只有资金充足,才能购买专业的设备、租用拍摄场地和精致的道具,或者聘请专业的视频创作人员,这样更容易创作出精品视频。创作者手中的资源越多,创作周期越短,创作效率就会越高。

4.团队成员分工协作

为了提高工作效率,策划者在策划方案中必须对每一位成员的分工进行详细说明,避免发生相互推诿的情况,保证在规定的时间内顺利完成视频作品的创作。团队成员分工协作,才能保证视频创作的效率。

另外,团队成员之间的沟通协作也很重要,负责人与成员之间、成员与成员之间必须保持良好的沟通,在遇到问题时才不会发生混乱,才能使拍摄和制作顺利进行。

思考与练习

查找相关资料,总结抖音平台审核机制及内容禁忌。

三、短视频策划的方法

(一)USP 理论策划法

独特的销售主张(Unique Selling Proposition,USP)理论是罗瑟·雷斯(Rosser Reeves)在 1961 年出版的《实效的广告》(*Reality in Advertising*)中提出的理论。该理论要点有三:一是利益承诺,即广告必须向消费者明确提出一个能给消费者带来实际利益的消费主张;二是独特,即这一消费主张必须是独特的或者是其他同类商品不曾表现过的;三是吸引力,即这一消费主张能够直击消费者内心。

USP 理论的核心理念也可以运用于短视频定位。将 USP 理论中的三个要点延伸至短视频定位,可以概括为以下三个方面。

1.人设

内容制作者应该明确自己所擅长的领域以及所具有的独特魅力,比如自己的厨艺、声音条件等。基于优势明确内容定位便是打造人设,即通过短视频内容塑造自己的形象,如温柔的唱歌小姐姐、淡颜美妆博主等。以抖音账号"程十安"为例,该账号通过高超的化妆技术以及温柔耐心的讲解,吸引了众多女性用户关注。

2.风格

短视频内容只有形成自己的风格才能在海量短视频内容中被受众注意。例如,抖音账号"三金七七"和"一杯美式"通过同一对演员出演爱情剧场,前者主打爱情的"甜",后者主打爱情的"虐",但是两个账号都得到了年轻受众的喜爱。

3.记忆点

记忆点是指短视频内容中让人印象深刻的地方,策划者可以通过音乐、视觉效果、人物魅力等加深受众对视频内容的印象。例如,抖音账号"灰太狼的羊"将新疆的日常生活配上网络流行歌曲,再加上甜美长相和牧民生活相结合,吸引了众多粉丝。

(二)差异定位法

差异定位法即对竞争对手的产品进行横向比较分析,也可以对竞争对手的商业模式、产品策略等进行多维度分析,进而及时调整自己的运营策略。如果内容定位的领域竞争激烈,可以试着寻找区别于竞争对手的创作点,例如寻找同类短视频的不足之处,在自己创作的内容中补齐别人的短板,展示自身内容的优势,摆脱同质化竞争。

以旅行类短视频为例,用差异定位法进行内容定位可以这样做:第一步,观看并分析大量同类旅行短视频;第二步,发现这些短视频以记录风景见闻为主,具有同质化的倾向,具有观赏性,但缺乏文化价值;第三步,根据自己的特色进行注重文化价值的创作。例如"房琪 kiki"就是以"分享美景+优美的文案+有亲和力的笑容"为特色,通过讲故事展示风景,体现文化价值。

(三)反差定位法

反差定位法是指明确某一群体或者事物在用户心中的固有印象,然后反其道而行之,形成反差。使用反差定位法生产的内容容易给人留下深刻的印象。常用的反差定位法有以下三种。

1.年龄反差

年龄反差是指拍摄的人物展示出与其年龄特征不符合的人物形象。例如,抖音账号"康康和爷爷"中出镜展示穿搭的爷爷已经 86 岁,但是其根据不同大牌的风格展示的穿搭时尚感十足。

2.性别反差

性别反差俗称"反串",通过表演者的外形和行为上的差异,给用户带来新鲜感。例如,抖音账号"麻辣小鲜肉"中的表演者总是以背心出镜,一个肌肉发达的男性用台湾腔模仿女明星说话,创造幽默感。

3.技能反差

技能反差常用于表现与固有印象不同的技能。例如,抖音账号"垫底辣孩"使用生活中普通的材料制作衣服,模仿国际大牌的广告海报,简单的材料和精美的成品吸引了 1000 多万粉丝关注。

(四)用户定位法

用户定位即分析视频的目标用户。这里的目标用户不仅包括视频当前的用户,而且包括视频未来打算吸引的潜在用户。不同类型的短视频针对不同垂直领域的受众,根据目标受众的用户画像,制作能够满足用户需求的内容。例如,美妆、穿搭类视频的用户群体是年轻的女性,可以根据当下的流行色或者季节安排内容。用户定位通常包括数据分类、确定使用场景等步骤。

1.数据分类

数据分类是指对收集到的用户信息数据进行分类,一般分为静态信息数据和动态信息数据两类(见图 2-1)。

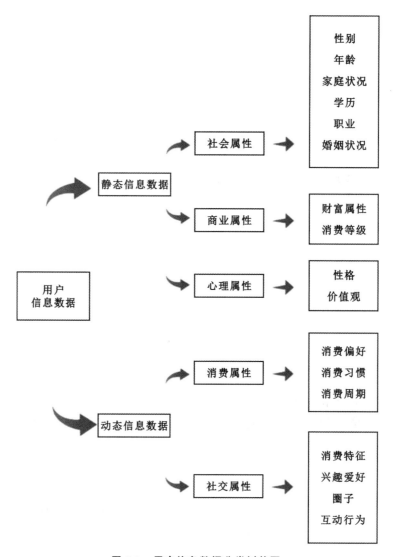

图 2-1　用户信息数据分类树状图

静态信息数据可以划分为社会属性、商业属性以及心理属性三部分。这三部分共同构成了用户画像的基本框架。这些数据一般展现的是用户的基本信息，如性别、年龄、家庭状况、学历、职位和婚姻状况等。但是正常情况下，内容生产者在进行用户定位的时候无法全部了解用户这些基本信息，只需要选取对短视频生产有重要帮助的数据。

动态信息数据通常是网络行为数据，如消费属性和社交属性等。动态信息数据可以帮助内容生产者了解当下的用户需求，但该数据量同样非常大，需要筛选重点数据作为参考。

2. 确定使用场景

数据分类之后，内容生产者可以采用"5W1H"法确定用户的使用场景，进而了解用户的感受和需求，如表 2-2 所示。

表 2-2 "5W1H"法确定用户使用场景

要素	含义
Who	短视频用户
When	观看短视频的时间
Where	观看短视频的地点
What	短视频呈现的内容
Why	网络行为背后的动机,如评论、点赞、转发等
How	与用户的静态信息数据和动态信息数据结合,洞察用户具体的使用场景

内容生产者能够根据用户信息数据和使用场景了解短视频目标用户的痛点,有针对性地进行短视频的策划,进而做出高流量且让用户满意的视频。例如,创意手工类视频的主要观看人群有手工爱好者、孩子的母亲、幼儿园老师等,根据前期掌握的数据来分析具体视频所要吸引的用户;如果孩子的母亲是核心观看人群,则可推测她们观看视频的目的是和孩子进行亲子游戏等,所以后期发布的视频内容应当以简单又有创意的手工制作为主,以增加视频的播放量。

思考与练习

利用差异定位法,具体分析抖音上"房琪 kiki"账号内容。

第二节 短视频策划流程

一、确定有创意的选题

大部分短视频选题都可以划分为五个维度,即人、具、粮、法、环,具体如表 2-3 所示。

表 2-3 短视频选题五个维度

维度	具体说明
人	人指人物,一方面是指拍摄主角的身份及特点,另一方面是指未来的用户群体
具	具指工具和设备,例如,短视频的主角是一位厨艺爱好者,平时用到的食材、厨具以及餐具,都属于角色的工具和设备
粮	粮指精神食粮,例如,厨艺爱好者喜欢什么菜系、会去参加哪种类型的培训等。要分析目标群体的需求,从而找到适合的选题

续表

维度	具体说明
法	法指方式和方法,例如厨艺爱好者做菜的小窍门、菜谱分享等。
环	环指环境,要根据剧情选择能够满足拍摄要求的环境,例如,选择明亮干净的厨房进行拍摄更能体现菜品的色香味

围绕以上五个维度进行梳理,可以做成二级或三级,甚至更多层级的选题树。以"喜欢旅游的女性"为例,通过选题树可以策划出各种各样的选题,如图 2-2 所示。

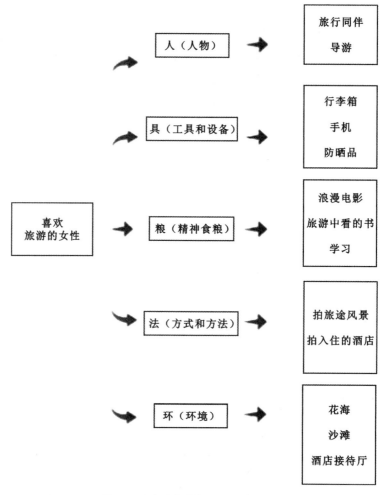

图 2-2 "喜欢旅游的女性"的选题树

制作并拓展选题树并非一朝一夕可以完成的工作,视频创作者可以根据自己的拍摄经验和网络热点慢慢积累,使得选题树中延展出越来越多的选题内容。

短视频账号要持续性产出作品,可以通过建立爆款选题库积累素材,为优质短视频内容的打造提供资源和依据。建立爆款选题库需要经历搭建选题库框架—收集素材、丰富内容—根据热点选题等过程。

(一)搭建选题库框架

搭建选题库框架即根据预先设定的短视频账号内容定位,明确选题的范围,并将定位涵盖、延伸的内容分类逐一列出,做成选题库的框架。例如,如果短视频账号的内容定位是厨艺爱好者,那么内容可以分为点心烘焙类、家常菜类、西餐类、减肥营养餐类等,而家常菜类又可以进一步细分为煲汤类、清蒸类、爆炒类等。

(二)收集素材、丰富内容

收集素材可以从以下几方面入手。

1.短视频 APP 内容

各类短视频 APP(如抖音、快手、今日头条、西瓜视频等)上的内容种类繁多,并且反映了人们生活和工作中所关心的问题。视频创作者可以根据目标用户的群体选择合适的平台上的短视频素材作为参考,结合自己的特色进行二次创作,进而获得播放点赞量。

2.视频网站内容

除了短视频 APP 以外,视频网站上也有大量不同类别的视频,例如,爱奇艺、腾讯视频、优酷视频等视频网站上的很多内容都可以作为创作短视频时剪辑加工的视频素材。

3.经典影视片段

视频创作者可以在各大视频网站上寻找评分高、观众喜爱的影视片段,结合自己对于影视作品的理解,创作影视解说类视频。

4.自己拍摄视频

艺术来源于生活,任何作品都是基于生活进行创作的。视频创作者要用心挖掘身边发生的有意义或者有趣味的事件,有的时候这些事件能够激发拍摄灵感。

(三)根据热点选题

根据当下的热点选题是一种获取"流量密码"的方法,而网络上的热点可以分为常规热点和突发热点,如表 2-4 所示

表 2-4 网络上的热点类型

热点类型	释义	特点
常规热点	指可以提前预见的热点,例如,传统节日、每年的赛事活动、即将上映的电影或播出的电视剧等	各大平台会提前预热; 发生的时间、持续的时长较为固定; 相关内容同质化严重,很难创作出有创意的内容

续表

热点类型	释义	特点
突发热点	指无法提前预见的、突然发生的事件，例如，突发的灾害、社会冲突等	热点发生突然，对内容时效性要求高；大众关注度高，独特的切入点容易获得较大流量

（1）热点的收集渠道

短视频创作者可以从社交平台、资讯平台以及短视频平台中发现热点，结合网友讨论，挖掘热点题材。

① 社交平台。短视频创作者可以在微信公众号中寻找热点，根据目标受众群体的特征关注相关的微信公众号，有时公众号会推送爆款文章，短视频创作者可以把这些文章的内容作为拍摄短视频的素材。微博热搜榜会每分钟更新一次热搜榜单，并且分"推荐""热搜""文娱""要闻""同城""更多"等板块对当下热点进行了较为及时的整理和归纳，短视频创作者可以根据这些热点进行创作。

② 资讯平台。例如，百度搜索风云榜就是将网民的搜索关键词进行归纳分类而形成的榜单，短视频创作者可以通过定位关键词了解网民所关心的内容。

③ 短视频平台。在抖音短视频平台中，"猜你想搜"就是根据用户观看视频的偏好进行推荐。短视频创作者在发布作品后，可以根据大数据计算的推荐内容延伸自身的选题。

（2）热点分析

不是所有的热点都适合植入短视频。短视频创作者在寻找热点的时候应当从以下几个方面进行分析，判断该热点是否符合自己的短视频账号内容定位，思考如何将热点融入视频内容当中。

① 热点的真实性。许多突发事件存在人为炒作的嫌疑，如果短视频创作者一味追求热度，盲目跟风，到后续事件反转时会损失用户对账号的信任度，因此短视频创作者要在详细了解热点的始末后，再进行创作。

② 热点的时效性。对于常规热点，短视频创作者可以根据以往热点相关的内容、事件发生的时间线提前策划；对于突发热点，短视频创作者需要判断该热点的周期性，有针对性地对短视频内容进行策划。对于短期热点，短视频创作者要重视在第一时间发布内容，吸引用户根据话题进行讨论；对于长期热点，短视频创作者在介绍事件的同时还要加入自己的深度解读，体现自己的见解和看法，体现视频的价值。

③ 热点的受众范围。短视频创作者要分析哪些受众群体会对该热点感兴趣，以及受众群体的规模有多大，据此进行内容策划，加深用户对短视频账号"人设"的印象，促进短视频账号的长期运营。

④ 内容的积极性。短视频创作者收集的热点有可能涉及负面事件，切忌使用违反法律法规、有悖道德伦理的内容。即使是基于负面的事件进行创作，短视频创作者也要在内容中融入建设性的建议和反思，使内容积极向上，起到正面的效果。

思考与练习

从"人、具、粮、法、环"五个维度,分析抖音账号"张同学"视频的选题特色。

二、完善短视频具体内容

(一)短视频常见的几种结构

1. 黄金 3 秒结构

在一个时长为 15 秒的短视频里,前 3 秒至关重要,可以通过前置高诱惑力的信息、选择好听且契合视频调性的配乐以吸引用户观看。随后在短视频主体部分进行事件描述,结尾处进行整体总结,在比较短的时间内完成表达。

2. 三段式结构

三段式结构即在一个短视频内,设定三个爆发点。比如前 10 秒设定一个爆发点,然后每 10 秒设定一个爆发点,三个爆发点之后,对视频内容进行总结或者直接结束。

3. 两段式结构

两段式结构即在开头和结尾分别设置两个点,一般是开头提出疑问,结尾进行解答,或者是前面对反常识现象进行介绍,后面对其进行解释。

对于这三种结构的选用,不必拘泥于哪种时长的作品用哪种结构。实际生活中,我们可以根据自己的作品内容选择合适的结构。现在很多作品,不管时间长短都是采用黄金 3 秒的形式,将视频中最精彩的 3 秒的内容剪辑到开头,吸引用户继续观看。我们分析一些爆款短视频可以发现,它们一般在视频开场的 3～5 秒亮出关键梗;中间则控制好内容发展的节奏,设置足够多的诱因(包括配乐、人物关系等)来留住用户;在视频结尾,则要做到出其不意,有惊喜,有反转,有互动或鼓励,以促使用户反复观看,提升复播率和互动率。

(二)内容创作的三种方法

内容创作者要想方设法来留住用户,那么怎样才能制作出吸引用户看下去的短视频呢?这里我们介绍内容创作的三种方法。

1. 借鉴法:模仿是进步的第一要素

对于短视频创作新手来说,由于创意有限,前期可以用借鉴法来积累创作经验。借鉴法是很多创作者都会使用的一种内容打造方法,这种方法非常实用,但在使用时需要讲究技巧,不能照搬照抄他人的内容,而是需要对内容进行深加工和个性化创新,让所借鉴的创意和形式真正为己所用。

2.扩展法：由点及面，连线成面

拓展法是指运用发散思维，由一个中心点向外扩散、不断延展内容的方法。通常，拓展法可以分为人物扩展、场景扩张和事件扩展三个层次。

3.四维还原法：爆款短视频背后有迹可循

在短视频创作过程中，许多短视频创作者可能不愿意简单地模仿别人，而是想要通过模仿，形成属于自己的特色。事实上，简单的模仿只是一种短期的跟风，要想做出真正的爆款短视频，必须拥有自己的特色。此时，短视频创作者可以使用四维还原法这种更为高级的模仿模式，对爆款短视频进行深度模仿——除了模仿它的形式，还要重点模仿它背后的爆款逻辑；然后从中寻找创作类似短视频的灵感，打造带有个人特色的短视频内容。

思考与练习

观看短视频账号"陈翔六点半"，分析其故事创作的结构特点。

三、确定短视频的展现形式

(一)图文讲述形式

图文讲述是指短视频由图片或动图配上文字组成。图文讲述一般有两种呈现形式：一种是把图片在相册中排列好，以录屏的形式配合卡点音乐制作；另一种是直接将图片放在短视频剪辑软件中拼接播放。

制作这类短视频要注意以下三点：首先，因为短视频的主要内容是图片，所以对内容创意的要求更高，首图尤其要吸睛；其次，要注意配文言简意赅，切忌喧宾夺主；最后，短视频中图片的数量应该控制在5～9张，如果图片数量过多，用户可能因为审美疲劳不会浏览至最后，影响内容传播的完播率。

(二)录屏形式

录屏是教学类视频或实操类视频的主要制作方式，例如教学课程或者游戏操作视频，通过录屏软件把计算机或者手机上的一些操作过程录制下来，制作者可以在录制过程中录音，也可以后期配音。

这种形式无须任何演员出镜，也不存在制作难度，但对视频内容的价值要求较高，并且主要用户群体较为小众，不容易获得平台的推荐量。

(三)解说形式

解说是比较常见的一种形式，一般由制作者收集视频素材，然后按照一定的逻辑剪辑加工,并且配音和配文字解说。值得注意的是,解说类视频所用的素材一定要标明来源,避免侵权,例如,2017 年包括迪士尼、得利影视、又水整合在内的五家电影公司就控告谷阿莫制作的电影解说视频侵犯其著作权。

(四)脱口秀形式

脱口秀类视频拍摄起来较为简单,并且人员涉及少,但是脱口秀演员所阐述的内容必须有深度,要能够引发用户思考,只有打破用户固有认知的"干货"才能够获得播放量。例如,"Norah 脱口秀"通过幽默的互动性的英文演讲,传达自己对用户关注的话题的看法。

(五)情景再现形式

情景再现是指短视频创作者通过设计情节演绎生活中的现象。情景再现视频有着来自生活的创意灵感,更容易让用户产生共鸣。例如,抖音账号"七颗猩猩"经常演绎寝室搞笑的闺密段子。

(六)客体创新

短视频内容的主体是视频内容,客体是表达形式,有时通过改变客体,能够使得主体呈现不一样的效果,例如,抖音就有短视频创作者录制自己夜跑时配上电视剧《甄嬛传》里的音乐,生动地传达出跑步的"痛苦"。

(七)视频博客形式

视频博客即 Vlog,是最近比较火的一种视频形式。Vlog 拍摄难度不高,并且容易拉近拍摄者与用户之间的距离,易于增强用户黏度,但是在拍摄时要注意凭借精美的画面以及真实的生活脱颖而出,切忌把 Vlog 拍摄成流水账的记录。例如,"房琪 kiki""木齐"都是旅行 Vlog 博主,其视频中精美的分镜画面,传达出一种自由且有趣的生活态度,吸引了大量粉丝。

四、不同形式短视频脚本创作技巧

"脚本"一词来源于戏剧和电影,它是短视频拍摄所需要的大纲,用以确定整个作品的发展方向和拍摄细节。合理规划脚本的架构和逻辑且形成风格,能让用户印象深刻,从而提升内容的吸引力。短视频拍摄时,剧情怎样发展、演员如何演绎、镜头怎样运用、灯光如何布置、服化道的准备等,都是依据脚本来进行的。

(一)讲述类短视频创作

现在短视频平台有大量讲述类短视频,内容涉及纯技能方法的讲解、素质类科普以及应试类知识等。作为最经济、简单的短视频创作种类,讲述类短视频是新手入门创作时很好的选择。短视频创作者只有把自己行业领域里熟悉的知识技能传递给他人,体现短视频的价值,才能获得更多的点赞和关注。短视频创作者可以根据自身的行业、产品定位以及客户重点,找到适合自己的短视频展现形式,创作符合自身产品调性的视频。这里我们推荐一个创作模板。

第一步,概述问题(或者说陈述痛点)。这一步有两种具体的方法。第一种是直击问题,比如"应该如何确定自己在做一份对的工作? 关于这个问题,我问了很多的前辈",引起用户的共鸣;第二种是权威式的否定,比如"作为一名老教师,在我 20 年的任教过程中,我见到了太多父母希望孩子成绩好而拔苗助长的案例"等。在开头就要让人觉得你是这个领域的专家。

第二步,当目标用户被短视频的开头吸引之后,紧接着用一句话告诉他接下来几秒将要讲述什么问题。这一步的作用在于稳定人心。

第三步,具体地陈述方法。这里要注意的是,方法一定要简单易懂,最好是口诀类或者步骤清楚,让用户一看(或一听)就能直接操作。

第四步,加上一个标志性的广告语,例如"关注我,给你一个不一样的世界"。

下面展示两个具体案例。

【案例 1】

视频题目:10 年 HR 经历告诉你什么才是最适合你的工作

封面题目:如何确定做的是对的工作?

文字:

应该如何确定自己在做一份对的工作? 关于这个问题,我问了很多的前辈,他们可以算得上是职场中的成功人士。我总结了一下,其实无论什么行业,都有一个底层逻辑。我总结出了三点,希望对你有一点帮助。

第一,选择你擅长并且喜欢的。要怎么判断自己是不是擅长呢? 这里不得不说的一点就是,真的有天分这种东西存在。做某些事你可以完成得更快更好,你可以顺着自己的成长经历去找到这件事。

第二,有成长。你能从每一个项目或者每一天的工作中找到规律,不断精进,而不是一直机械化地重复一件事。

第三,有回报。经济上或者精神上一定要有能够让你满意的回报,要么就是能赚很多钱,要么就是虽然报酬不大理想,但是你在工作时很快乐。

如果一份工作始终让你觉得委屈,这份工作肯定是无法持久的。其实让我们感到疲惫的,从来不是工作本身,而是复杂的人际关系或者永无止境的迷茫和委屈。工作的价值除了让人维持生计、创造价值,还包括社交成就、奉献等。

所以很多时候不是工作需要我们,而是我们需要工作。

我是 Amber,我们明天见!

【案例 2】

视频题目:满心期待的美衣总是穿不出模特的效果?

封面题目:如何找到真正属于自己的衣服搭配公式?

文字：

爱美是人之常情。每到换季，女生都喜欢买各种各样的新衣服来装饰自己。我总结了几个衣服搭配公式分享给大家，希望能够帮助各位小仙女找到最适合自己的搭配方式，尽情绽放我们的美丽。

第一种是"上紧下松"。修身的上衣可以突出腰线、显高显瘦，而适当宽松的下衣可以遮盖腿部的赘肉，适合梨形身材的女生。

第二种是"上短下长"。上下都长容易造成"五五分"的视觉效果，上短下长更能为小个子的女生打造三七分身材比例，起到纵向延伸的效果。

第三种是"里短外长"。选择长款外套，但是里面搭配短上衣以及短裤短裙，能够有效延伸身材比例，遮肉显瘦，非常适合上身胖的女孩子哦！

以上是比较基础的穿搭公式，也是每个女孩子衣柜中都能够找到的必备单品，大家也可以根据自己的身材有针对性地购物哦！如果想了解更多的搭配小 tips，欢迎大家关注我的账号，我们下期再见啦！

(二)Vlog 生活纪实类短视频创作

世界最大的视频网站 Youtube 对于 Vlog 的定义是以影像的形式代替文字或照片做博客，上传到视频网站与网友分享。Vlog 多为对个人日常生活的记录，风格不一，内容广泛，可以是大型活动，也可以是日常琐事。视频博主往往对着或大或小的镜头，叙述身边发生的事。当然，也有一些视频博主选择不出镜，用旁白方式静静地讲故事。

我们来看下面两个案例。

【案例 1】(房琪 kiki Vlog)

(开场)很多人说，我没有机会去青海看盐湖，也不能去林芝看桃花。

(主题内容)工作、赚钱，没有起伏的生活又哪有诗意可言？我不是作家，但是把平凡生活写成诗，我却总有办法。刚毕业时没钱，朋友羡慕别的女生有男朋友送钻戒，我对她说，你抬头看天边的月牙，把这半个指环，戴在无名指上，又岂止十克拉。每天只睡两个小时，起床赶早班机的那段日子，我总会打起精神对自己说，你好幸运啊，能在三万英尺的高空，和日出对视。在那些我写不出文案的暴躁日子，我都会问小陈同学说，日落时间到，一起去海边喝一杯，好不好？倒上一杯风花雪月啤酒，让丰富的层次在唇齿间停留，一起踏戈壁、望雪山的日子，当然很有魅力，但生活又不可能一直在度假。

(升华感悟)能把寻常生活写成不寻常的诗，才是关于幸福的密码。

【案例 2】(itsRae Vlog)

李子柒在品牌三周年到来之际发起"万物皆有三行诗"话题讨论，并发布广告片。视频通过淳朴的乡土风情片段，以普通村落的生活气息呈现出食物背后的诗意，其中短片记录一位村子里的妇人一天的劳作，从白天上山采摘食材，到夜晚房

顶闲话家常,通过镜头记录下这一天时间中涉及的食材,视频最后出现文案:

> 他们拥有的不多,却拥有了万物的诗意
>
> 生活里的三行诗,每一句都来自万物
>
> 好好吃饭,好好生活
>
> 别着急赶路,路上会有万物的诗意

根据案例,我们推荐一个创作模板。

第一步,拟文案标题(Vlog 标题——疑问、痛点、频次等,字数 5~20)。

现代广告大师、奥美创始人奥格威先生有一条经典理论:读标题的人是读正文的 5 倍。这条理论似乎很受新媒体人推崇,越来越多的新媒体人开始将大部分精力用在标题上。题好一半文,别具一格的标题能令人眼前一亮,产生看下去的欲望。这类标题有很多形式,比如:疑问式标题《如何从一名小白,成长为一名自媒体大咖》《如何发邮件请求帮助,并获得超高回复率》;痛点式标题《比爱人更重要的竟然是……》《公务员涨薪,老百姓怎么办》;频次式标题《十天突破雅思写作》《3 天之内挣到 300000,他是如何做到的》。

第二步,定文案开场(Vlog 开头——观点型、陈述型、引入型、提问型,字数 10~30)。

观点型:最近大家都在讨论……有人说……

陈述型:上次,家庭学习环境的视频爆了,1800W 播放量,原地涨粉 50W,大家都对我的作息时间非常感兴趣。

引入型:老舍先生说,北平的秋便是天堂。

提问型:面试时最忌讳的一句话,说了就凉,你知道是什么吗?

【案例】

房琪 kiki Vlog 短视频开场:

如果你决定了去西藏,你又怎么可能舍得错过这个地方呢?

第二次看完《大鱼海棠》,我决定出发去找椿的家——神之围楼。

第三步,展主题内容(Vlog 正文——排比、引用、押韵、具体;内容点,每个点字数 30~70)。

【案例】

房琪 kiki Vlog 短视频主体内容:

坐标福建,这片传承十世、已存在千年的土楼,便是天神的世界。"这里就是与人间的交界,神之为龙。"承启楼之上,椿完成了自己的成人礼。

千门万户瞳瞳日,天空飞来自由的大雨,和贵楼与如生楼中都能看到秋追随的身影。"你以为你接受的是谁的爱?是一个神的爱情"(《大鱼海棠》)。

永定,存着大鱼的古老神话;南靖,留下飒爽红装的身影,"土楼也是《花木兰》的取景地"。这里的四菜一汤,摆出烟火人间的光景,而当春去秋来,海棠花开,怀远楼用砖瓦环出一道生生世世来,"这短短的一生我们最终都会失去,所以不妨大胆一点",攀一座山,追一个梦,爱一个人。

第四步,升华结尾(Vlog 结尾——总结升华型、互动提问型、行动感召型、经典箴言型,字数 10~40)。

总结升华型:综上所述,忙能让我们感受到生活的充实,但是我们的忙应有张有弛,这样,才能保证生活的质量。

互动提问型:我们从他们的选择中,难道还不明白如何取舍吗?

行动感召型:顺应时代的潮流,时代才有记住你的理由,让我们一起顺应时代的洪流吧!

经典箴言型:正如哲学家所言,生命如同寓言,其价值不在于长短,而在于内容是否深刻。让生命充实,我们才能获得意义。

(三)故事情节类短视频创作

故事是文学体裁的一种,侧重于对事件发展过程的描述,强调情节的生动性和连贯性。事件不是故事,比如只说宋江死了,这就是一个事件。而将宋江是怎么死的具体讲出来就是故事,并且陈述故事时,要有因果结构,要让观众觉得它的发生合情合理。虽然故事情节类短视频剧本创作受到时长、经费等限制,与电影等长视频创作有一定区别,但创作的基本原理是一样的。

1. 好的剧本是讲好故事的关键

故事情节类短视频剧本写作模板为铺垫—制造冲突—解决冲突。

短片和短篇故事类似,通常包括以下内容:在特定背景下快速而经济地设定一个主角;表现主角正在努力获得某物、做某事或者完成某项目标;把主角推向某种困境,促使他必须采取行动;聚焦于主角如何解决他/她面临的问题;通过主角处理困境的方式,凸显他/她的处境、弱点和能力;确保观众或主角在故事的发展中有所收获、有所成长;值得注意的是,并非所有故事都是为了表现胜利者。

2. 故事就是冲突

冲突被认为是故事的引擎。没有冲突,就没有戏剧性;没有戏剧性,就无法吸引观众。这里的冲突并不局限于人与人之间敌对的关系,还包括给主角的生活、心理带来明显改变的冲突,比如,电影《疯狂动物城》中的主角很希望当一个警察,但是现实不容许。

3. 悬念是故事引人入胜的法宝

悬念是由于冲突逻辑在受众心理上的持续作用,让受众的情绪体验持续收紧的情节设计。悬念是为了勾起受众观看的欲望。

设置悬念的方法有很多,这里简单列举几种。

第一,设置目标。这是最大众化的一种方法。在所有故事里,主角都有一个目标,设置目标即确定主角要如何实现他的目标。比如,男主角如何追求到女主角。

第二,设置危险。这是带有直接冲突的悬念。例如,公主被大魔王抓走了,骑士要如何救她?

第三,设置未知。比如,盗墓题材影视作品中,人们都会好奇古墓里面到底有什么,这就是未知的力量。

第四,设置秘密。秘密比未知更高一层。比如,一个谍战人员搞到了情报,但被敌人杀害了,情报未知。

第五,设置诡异情节。这种手法比较高级。诡异于人们本就是一种未知的恐惧。比如,睡觉的时候,总能够听到某种声音却找不到声音的来源。

4.故事情节类短视频剧本创作要素

故事情节类短视频剧本的选材范围是比较广的,短视频创作者可以根据需要自行选取,但内容必须积极向上、传递正能量。同时艺术来源于生活,因此剧本内容要跟生活相结合,不要脱离实际,要兼顾平台的用户群体以及自己的目标群体需求,展示他们想看的内容。

一般来说,故事情节类短视频剧本经常出现的元素有反差梗、笑点重复和结局巧合。反差梗可能涉及外表打扮和实际身份、性格的反差,个人和社会的反差,内心和行动的反差等,这些反差会给人以视觉上及心理上的感触,一般用于短视频后期的煽情部分。

至于笑点重复,可以举个例子来说明,男主有一句口头禅,这个口头禅可以在事情的开始、结尾等重要部分都出现,也可以出现在不同人身上,如最后女主角也不由自主地说了这句口头禅。

结局巧合在故事情节类短视频剧本中较为常见,例如,因为车子在高速上出现了问题,男主角就去旁边的人家参加了一场婚礼,主人误以为他是远方来的朋友就热情接待了他,结果还真成就了一番姻缘。

以下是另一则搞笑故事情节类短视频剧本案例。

【案例】图书馆的小哥哥

(一个男生走在图书馆外,后面一个女生跑向他)

女:喂!前面的小哥哥,你等等!

男(回首):嗯,同学你好,请问有什么事吗?

女(低头,有些害羞):我刚刚图书馆坐你对面。

男:嗯嗯,我知道,刚刚我看到了。

女(抬头看男子一眼,继续害羞):我看你在看一本外科手术的书,你是学医的吗?

男(点头微笑):是的,请问有什么事吗?

女(假装矜持):没,我没什么。

男(鼓励性微笑):你就直接说,没什么不好意思的。

女(略带羞涩但鼓起勇气):小哥哥你长得好帅,我不好意思说——

男(恍然大悟):我刚才看到你在图书馆坐立不安,你是不是有痔疮啊?

(女子愕然,目瞪口呆)

思考与练习

以大学生日常考研生活为题材,撰写一篇 Vlog 生活纪实类短视频剧本。

五、短视频脚本的分类与格式

一般来讲,脚本可以分为文学脚本、拍摄提纲和分镜头脚本。脚本是获得最佳的画面形式以及最快的拍摄速度的一种重要手段。脚本将创作者考虑的人员以及场景安排、拍摄机位设置、音乐以及同期声的安排、内容呈现方式等以可视化的形式展现出来。总之,脚本决定视频制作的整体方向。

(一)文学脚本

文学脚本是将各种小说或者故事做一定改动,方便以镜头语言来完成的一种台本方式。在文学脚本中,我们对主题、人物、情节、台词、互动等进行丰富、完善,使其呈现方式类似于故事。但是文学脚本不需要像分镜头脚本那样细致。具体说来,文学脚本需要做好以下几项工作。

第一,主题定位。主题定位要契合账号的内容以及用户定位,挖掘选题深意,选择适当的内容形式。

第二,搭建框架。短视频创作者要根据明确的主题定位,进一步明晰框架。故事情节类短视频的文学脚本以“总—分—总”结构居多,开始的“总”是指在短视频开头的 3～5 秒表明主题;中间的“分”是指详细叙事,通过情节冲突来深化短视频的主题;最后的“总”是指结尾总结,深化主题,引发用户的思考和回味。

第三,填充细节。短视频创作者搭建好框架之后,就可以根据内容走向,进一步明晰拍摄中的细节内容,比如,人物设置(需要多少人物出镜、参演人物的台词和表情等),场景设置(拍摄地点是室内还是室外、布景有哪些),影调运用(选择合适的拍摄基调),背景音乐(选择可以烘托人物或者情节的背景音乐),同期声(录制演员的台词、环境声增加真实感)。

这里列举《断背山》部分内容的文学脚本。

外景:西格纳尔镇 拖车 白天

现在是早上 8 点。风力明显有些增强。杰克正尝试着利用车窗旁的后视镜修脸刮胡子,他拿着一只锡制的杯子,里面放着一把老旧的金属片剃须刀和一些水。他正在刮去脸上的须茬,这种做法似乎有些别扭,但他仍继续刮着。

外景:西格纳尔镇 拖车 白天

一辆旧的旅行车驶来,呼啸着进入停车场,车后面扬起一阵沙尘。恩尼斯跳起身来让路,这辆旅行车就停在了距拖车办公室一侧不到一米的地方。

旅行车的司机名叫乔·埃圭尔,一个健壮结实的高个中年人。他显得很精明,头发呈烟灰般的灰白色。他从车上走下来时,我们看见车内的后视镜下悬挂着一个塑料做的赌博骰子。他刚下车,然后又上去取一只超大的咖啡杯子。

乔往拖车办公室门口走的时候,先是盯着恩尼斯,接着又看看杰克。

恩尼斯和杰克却一动不动。

乔进到办公室。门"砰"地关上了,恩尼斯那双粗大的手还插在裤子口袋里。

杰克却摘下帽子,显得有些迟疑。乔·埃圭尔(头探出门外):你俩想找活干,就不要傻愣着站在外面,快点儿。

恩尼斯抓起他那包衣物,瞅了一眼杰克,朝屋里走去。杰克也跟着进去了,门"砰"的一声关上了。

(二)拍摄提纲

拍摄提纲是为拍摄一部影片或某些场面而制订的拍摄要点,对拍摄内容起提示作用。比如新闻纪录片摄影师赴现场前,根据摄录事件的意义将预期拍摄的要点写成拍摄提纲;故事片拍摄时,当某些场景难以预先分镜头时,导演与摄影师可以抓住拍摄要点共同制订拍摄提纲,在拍摄现场做灵活处理。我们在拍摄视频的时候,往往会出现一些意料之外的干扰因素,打乱原本的拍摄计划。比如,创造票房纪录的《战狼2》在拍摄时,吴京驾驶坦克车与另一辆坦克车相撞时,因为要考虑摄像师本身的安全问题,所以在进行拍摄时,不会按照原定的计划让摄像师出现在特定的位置,这个时候,摄像师就需要临场发挥了。对于短视频行业来讲,因为拍摄节奏比较快,更新频率比较高,一些比较简单的短视频可以直接根据拍摄提纲完成拍摄。例如旅游景点、街头采访、美食探店等都可以根据拍摄提纲直接进行拍摄。

如果摄影师在拍摄前对现场和事件不太熟悉,就无法精准地策划预案,这个时候就需要在拍摄前踩点,把拍摄的要点、拍摄可能经历的过程、拍摄现场可能发生的事件写成拍摄提纲,以保证视频的质量。

【案例】纪录短片《夕望》拍摄提纲

拍摄主题:以参观者的视角真实再现老年人别样的"青春",展现21世纪的城市老年人在暮年的梦想和希望。

拍摄目的:现在很多年轻人意志消沉,没有追求,没有目标,没有理想。《夕望》用镜头真实再现老年人"活到老,学到老"的精神以及他们积极向上的生活态度,会对年轻人产生激励作用。

拍摄对象:自贡市老年大学的一群学生。

拍摄内容:选取典型老人,以此为点,辐射成面,多方位展现老年大学的学生积极进取、不断学习的生活状态和精神面貌。

拍摄要领:以客观的视角真实地记录这群老年大学生的学习和生活状态。

拍摄准备:提前征求校方的同意,收集所要拍摄的人物的联系方式、背景资料,准备拍摄器材、拍摄策划书。

拍摄过程中需要注意的问题:尽量契合主题,不盲目拍,同时注意设备安全、财产安全以及人身安全,尽量少干预拍摄画面,以实现最大限度的真实,具体操作根据实际情况进行灵活调整。

拍摄方法:灵活运用仰拍、平拍、俯拍方式。不同的场景用不同的角度,并且灵活选择全景、远景、中景、近景、特写。

拍摄思路以及大致情节发展:清晨,张奶奶迈着矫健的步伐走进大学校门,进入英语学习班。课堂上,一群老年人积极学习,与老师互动,下课后他们话家常、探讨学习,中间可以插入我们的采访,采访他们现在的奋斗目标以及现阶段的梦想。紧接着,镜头随着张奶奶的身影进入一楼的舞蹈室,拍摄这里翩翩起舞的身影。随着时间的推移,夕阳西下,一群老伙伴有说有笑地走出校门,踏上回家的路。

(三)分镜头脚本

分镜头脚本是指导团队拍摄、演员表演的"说明书",其内容包括摄法技巧、景别、分镜头时长、画面内容、声音等,一般以表格的形式呈现。因为要对每一个画面进行统筹安排,契合文学脚本传达的主旨,所以分镜头脚本的创作较为复杂,非常耗费时间和精力。

以抖音账号"三金七七"为例,该账号于 2022 年 10 月 21 日发布的短剧《他才不是什么穷小子呢,他已经成为了那个可以为我遮风挡雨的男人》部分分镜头脚本如表 2-5 所示。

表 2-5 分镜头脚本案例

镜号	摄法技巧	景别	分镜头时长	画面内容	声音	背景音乐
1	固定镜头	近景	1秒	女主拿着录取通知书关门	关门声、女主笑声	欢快的配乐
2	向远拉	全景	3秒	女主急切地跑		
3	固定镜头	特写	2秒	录取通知书		
4	摇镜头(从右至左)	中景	4秒	女主向男主炫耀录取通知书	"以后路程可就远了,你可要早点起床,不许迟到,听见没"	
5	固定镜头	近景	3秒	女主发觉男主神色不对	"你没考上啊"	
6	固定镜头	近景	3秒	男主低头	"可能会找份工作,以后不能一起走了"	
7	固定镜头	中景	3秒	女主愣住,笑着说台词	"没关系啊,这样也挺好的啊"	

续表

镜号	摄法技巧	景别	分镜头时长	画面内容	声音	背景音乐
8	固定镜头	特写	2秒	女主拉男主的手	"别难过啦"	
9	慢镜头	近景	2秒	男主抬眼看向女主		周杰伦《蒲公英的约定》
10	固定镜头	中景	2秒	女主笑着安慰男主	"我会一直陪你的"	

(四)分场景表及预算表

1.分场景表

在拍摄之前,我们需要先置景,即尽力把拍摄所需的场景布置出来。分场景表可以清楚地列出整个剧本有多少个场景,每个场景需要的演员和道具等。如果把同一场景的不同场次内容安排在一起置景并且进行拍摄,能够达到事半功倍的效果。

2.预算表

在开始拍摄之前,要确保剧组的每个人都知道有关支出的规则。人员和器材设备的预算表分别如表 2-6 和表 2-7 所示。预算表能够有效地避免拍摄经费超预算。

表 2-6 人员预算表

职务	姓名	拍摄天数	每日金额	总金额	备注
导演					
摄影师					
灯光师					
制片					
化妆师/服装					
演员					
器材					
金额合计					

表 2-7 器材设备预算表

器材设备名称	单位数量	使用天数	单价	总金额	备注
摄像机					
镜头					

续表

器材设备名称	单位数量	使用天数	单价	总金额	备注
灯光					
车费					
餐费					
金额合计					

3.拍片通告表

在拍摄环节中,拍片通告表是所有工作人员最为依赖的"行军图"。一份专业的拍片通告表能够让拍摄工作井然有序地运转。虽然拍片通告表要尽量详细,但内容也不是越多越好,如果剧组规模大,通告内容杂,就需要针对不同剧组分别发放内容不同的拍片通告表。在制作拍片通告表时,一定要细心,根据实际情况增加细节信息,表中有用的信息越多,其能提供的帮助就越大。这里提供一个常用的拍摄通告表模板,供大家参考(见表2-8)。

表 2-8　拍片通告表模板

顺序	场次	标题	场景	背景环境	服化道提示	备注
1						
2						
3						
4						
5						
6						

思考与练习

为大学生日常考研生活 Vlog 剧本撰写分镜头脚本。

本章实训内容

故事情节类短视频剧本及分镜头创作。

【注意要点】

第一步:内容定位

根据账号属性,确定内容定位。内容定位主要包括以下三个方面:一是确定创作内容的领域(教育/金融/职场/家庭/旅游/美食/宠物/育儿等);二是确定内容展现形式(颜值/舞蹈/音乐/戏精日常/翻拍经典/特效/声优/科普/情景剧/微短剧/长视频等);三是确定内容风格属性(搞笑/反转/温情/悬疑/资讯等)。

第二步:内容策划

内容策划主要包括以下三点:一是确定内容主题,用一句话概括故事内容;二是确定内容核心,明确向受众传达的情感;三是确定内容差异,利用新思想、新表演、新剪辑、新表达手法达到差异化要求。

第三步:内容结构

借鉴好莱坞剧本创作三幕式结构方式。第一幕,开端即提出问题,展现矛盾。第二幕,保持和增强主角对故事的情感投入。第三幕,故事反转,呈现令人满意的结局。

主要结构有两种:第一种,交代情境—抛出矛盾冲突—解决矛盾—意外(转折)—结尾;第二种,矛盾激化—故事背景—解决矛盾—意外—转机—开放式结局。

以下为结构模式的套用。

(1)开篇(0~5秒)

表达什么:可以是主题、高潮前置、引用画面、热点延伸……

引起什么情绪:可以是搞笑、悬疑、好奇、共情……

(2)中篇(6~20秒)

服务主题,或者制造情绪。前者适合"干货",后者更适合剧情表达。

至少要有两个亮点。呈现亮点的方式有很多,包括演员的表情变化、文本的"抖包袱"、音乐音效的强调、后期剪辑的包装呈现等。

(3)中后篇(21~35秒)

临近收尾时再抛出一个亮点,再次引起受众情感变化。

(4)收尾

可以是要求受众互动、关注、点赞或者设置悬念、引导主页。

第四步:文字剧本撰写

【参考案例一:《淘气儿子》】

男孩与父母闹了点别扭,于是赌气离家出走。

两天后,男孩想象此时家人一定急得像热锅上的蚂蚁,于是以胜利者的姿态打电话让邻家发小去自己家打探情况。

男孩:(拿起电话,得意的语气)喂,你帮我看看我爸妈现在是不是很焦急地在找我吧?

(过了一会儿,男孩的发小回电话)

发小(一只手拿着电话,另外一只手兜住话筒):"你爸妈门口贴了条公告。"

男孩(得意大笑):"是给我的致歉信吧?"

发小(此时声音加大):"不,是一则小广告,上面写着'单间出租'。"

(男孩流露出悲痛的表情,手机不经意地从手中滑掉在地上)

【参考案例二:《面试问题》】

(HR抱着一堆简历,走向老板)

HR:"老板,最近公司要新进一批员工,职位安排需要考试,您出一道面试题吧!"

老板(翻着简历看):"面试题目就是1+1=? 吧!"

HR(面露难色):"那……题目的答案是?"

老板:"答案等于 2 的进技术部,答案大于 2 的进销售部,答案小于 2 的进财务部,什么都没有答的,进办公室。说这个题出得没意义的,不予录用。"

(定格慢动作,HR 惊讶表情的特写)

第五步:分镜头撰写

略

第六步:分场景表及拍片通告表

略

短视频前期拍摄基础　第三章

知识目标

1. 熟悉数字视频制作的流程和多种制作方式。
2. 掌握视频拍摄中曝光、构图及镜头等基本概念。
3. 理解不同镜头的含义及属性。

技能目标

1. 掌握摄影曝光技巧和构图技巧。
2. 埋解视频中的各种镜头类型及其作用。
3. 熟悉并掌握曝光控制、用光、景深控制等摄影摄像技术，能够进行一些新闻类、风光类及人像专题的拍摄。

情感目标

1. 在熟悉数字视频制作的过程中，培养对数字视频制作的兴趣。
2. 在拍摄时形成对视频拍摄工作的敬业、负责态度。

第一节　数字视频制作基础

现在视频制作的种类很多，基本上可以分为短视频制作、电视节目制作和电影制作。它们制作的原理本质上是一样的。所以开始学习短视频拍摄制作之前，我们应该知道一些数字视频制作的基础知识。

一、数字视频制作的流程

数字视频制作包括艺术创作和技术处理两部分。艺术创作和技术处理是完整的数字视频节目制作过程中的两个方面，它们往往相互依存、不可分离，且相互渗透。数字视频制作过程一般可分为前期策划与文案创作、中期拍摄和后期制作。

(一)前期策划与文案创作

前期策划与文案创作主要包括以下工作。

① 进行节目构思，确定节目主题，收集相关资料，草拟提纲。

② 召开主创人员碰头会，撰写文字稿本。

③ 确定分镜头脚本、分场景脚本、拍片通告表等。计划是视频制作的基础，视频制作的计划越完善，对拍摄的条件和困难考虑得越周全，视频制作时就会越顺利。具体地讲，包含以下几个方面：第一，根据节目要求对导演、演艺人员、主持人或记者等做出选择，合理配置创作人员；第二，向制片、服装、美工、化妆人员说明并初步讨论舞美设计、化妆、服装等方面的要求；第三，确认前期制作所需设备的档次及规模，配备摄像、录音、音响、灯光等技术人员；第四，制片部门要确定拍摄场地及后期保障；第五，各部门主要负责人讨论、确定拍摄计划等；第六，各部门细化自己的计划，如起草租赁合同、建造场景、制作道具、征集录像资料等。

(二)中期拍摄

不同类型的节目有不同的制作方式，下面以短视频拍摄为例进行讲解。

① 按照拍摄计划，逐个场景进行拍摄。

② 使用合适的摄影技巧，如稳定器、运动镜头、延时摄影等，增强画面的吸引力和流畅性。

③ 注意细节和构图，捕捉精彩瞬间。

④ 素材拷贝。

(三)后期制作

后期制作主要是对中期所拍摄的素材进行后期的处理。

① 审看素材。检查镜头的内容及质量，选择合适的镜头，做场记。

② 挑选素材。挑选合适的素材并确定素材的有效入点和出点。

③ 粗剪。用素材搭建主要故事段落框架。

④ 精剪。对素材的情绪、节奏等进行细节调整。

⑤ 包装及特效的运用、字幕的制作。

⑥ 混录。将解说词、效果声、音乐进行混录，同时处理音调、音量等。

⑦ 调色。对影片影调和色调进行调整。

⑧ 审看成片。负责人审看成片并提出修改意见。

⑨ 将播出带复制存档。

需要注意的是,尽管视频制作规模有大有小,但整个工序流程基本一样,只是我们可以根据视频内容和规模,将具体环节简化处理,使制作的工序更加合理,高效率地制作出高质量的视频内容。

思考与练习

在制作流程上,短视频制作与电视节目制作及电影制作有什么区别?

二、数字视频制作的方式

目前常用的数字视频制作的方式有单机拍摄制作、多机拍摄制作和演播拍摄制作。下面分别对这几种方式进行介绍。

(一)单机拍摄制作

单机拍摄就是在现场实拍中只用一台摄像机拍摄(见图 3-1)。单机拍摄制作就是使用便携式的摄像、录像设备采集视频素材,后期再进行剪辑加工,完成视频制作。单机拍摄制作的优点是成本低廉、活动自由,缺点是镜头单调、景别单一、角度单一。

图 3-1   单机拍摄场景

目前,很多抖音视频、个人独立微电影和电视专题栏目采用单机拍摄制作的方式完成,这种方式不但可以很好地降低成本和拍摄难度,而且在现场人物调度和环境净化等方面也更容易控制。因此,单机拍摄也是广大初学者进行视频拍摄制作的必经之路。

单机拍摄非常方便,但它所获取的素材一般需要在后期编辑设备上进行编辑。单机拍摄与网络信号相结合能展现出非常大的优势,比如,电视台新闻节目可以用便携式摄像机与发射装置、传送系统连接,实现新闻直播;现阶段很多抖音创作者利用手机单机拍摄,并进行直播,极大地满足了个人创作者的影像制作需要。

(二)多机拍摄制作

多机拍摄是指使用两台或两台以上的摄像机,对同一场面同时进行多角度、多方位的拍摄(见图3-2)。某些场景规模宏大,出场群众演员多,而且场面调度复杂,为使拍摄一次成功,并提高拍摄效率,一般会采用多机拍摄的方法。多机拍摄时,以其中一两台摄像机为主,拍摄大远景或表现主角的场面,其余摄像机则作为辅助,拍摄该场面中某些相应部分。多机拍摄有一次性完成的优点,但也给现场拍摄工作,如布光、同期录音,以及各个摄影小组的隐蔽等带来一定的难度。

多机拍摄制作可以利用导播台,经过现场切换,一次性完成规模较大的视频制作,极大地缩短了视频制作的时间。当然,也可以前期通过多机拍摄素材,后期利用剪辑软件,进行多机位剪辑来制作视频。

图 3-2　多机拍摄场景

多机拍摄要求摄制整体保持协调一致。多个摄像机提供的画面应当有所变化,全体现场操作人员要密切配合,使不同对象、景别、角度、技巧、节奏互补、高效地呈现。

(三)演播拍摄制作

演播拍摄主要是利用演播室录像制作,也包括演播室直播(见图3-3)。目前演播室设备不断现代化,例如,室内灯光系统全自动化,高清晰度的广播级摄像机系统,高保真音响系统,特别是数字特技、动画特技系统等,共同组成了演播室的高科技制作系统,增强了演播拍摄的适应力。

图 3-3　演播拍摄场景

　　演播拍摄制作既可以先摄录后编辑，也可即摄即播即录。近年来，新一代视频制作设备——虚拟演播室（virtual studio）出现并得到广泛运用。虚拟演播室采用计算机三维动画软件创作的三维虚拟布景来替换真实的演播室布景。它的出现使视频节目制作方式发生了很大的变化。相较于传统的演播室系统，虚拟演播室更便于发挥主创人员的创作意识，可以为视频制作人员提供超越时空的创作环境，从而丰富了画面的表现空间与创造力，使电视节目具有更强的可视性。目前，虚拟演播室已不仅仅在电视台应用，在许多短视频平台也得到了运用（见图 3-4），这为短视频制作注入了新的活力。

图 3-4　虚拟演播室抖音拍摄场景

　　通过对数字视频制作流程和方式的描述可知,视频制作是一个复杂的过程。它就像一个庞大的工业生产系统,每一种制作方式、手段和每一个环节,都有独特的专业技巧。此外,视频制作过程中的各道工序是紧密联系的,它们之间配合和衔接的好坏,直接影响着视频制作的质量,甚至关系到视频制作的成败。

思考与练习

三机位采访拍摄时,每个机位的作用是什么?

三、数字视频基本概念及参数

　　在学习短视频拍摄剪辑之前,我们先了解一下数字视频基本概念及参数。我们知道,数字视频的本质是数据,所以不管是拍摄设备还是后期剪辑设备,都是利用数字技术进行的。因此,短视频创作者应该知道一些基本的数字视频概念及参数。

(一)画幅宽高比

　　视频制作常见的画幅宽高比一般为 4∶3 或 16∶9。4∶3 的比例常见于老旧电视机、投影仪,而 16∶9 的比例常用于现在的电影、电脑显示屏、横屏手机。如果视频制作比例与投放平台比例不符,就会造成画面畸变。随着抖音等新媒体平台的出现和普及,9∶16 这种画幅宽高比也出现了。所以,当我们进行视频拍摄和制作的时候,要考虑最后播放平台的画幅宽高比。不同画幅图片展示如图 3-5 所示。

图 3-5　不同画幅图片展示

(二)视频分辨率

　　视频分辨率又称为视频解析度,指的是视频图像在一个单位尺寸内的精密度。当我们把一个视频放大数倍时,会发现许多小方点,这些点就是构成影像的单位——像素。通常情况下,图像的分辨率越高,所包含的像素数据越高,图像就越清晰,画面的细节和层次也会越丰富,同时文件占有的存储空间也会越大。视频分辨率与图像的大小和尺寸密切相关。通俗地讲,在一幅图像中,宽度排列一定像素,高度排列一定像素,两者相乘就是这幅图像的分辨率。例如,标清的比例为 4：3,它所对应的像素是 720×576,高清 1080p 的比例为 16：9,它所对应的像素是 1920×1080。我们平时说的传统电影 2k 分辨率比例是 16：9,对应的像素为 2048×1080,现在最常用的 4k 分辨率比例其实也是 16：9,它所对应的像素是 3840×2160。需要注意的是,同样的画幅宽高比对应的分辨率可能不一样,比如,同样是 16：9,高清的是 1920×1080,而小高清的是 1080×720。所以我们制作视频的时候,仅仅确定视频的画幅宽高比是不够的,还需要确定具体的分辨率。假如画幅宽高比是 16：9,如果我们做的是 720p 的像素分辨率,在 4k 当中被等比例拉伸,画面就会显得很模糊。如果画幅宽高比和分辨率不一致,应当以分辨率为准,因为播放平台并非都是规则的 16：9 的比例。不同像素比例图片展示如图 3-6 所示。

图 3-6　不同像素比例图片展示

(三)码率和帧速率

码率就是视频或者音频单位时间内传递的数据量。通常情况下,码率越高,视频越清楚,但是码率也会受到帧速率和分辨率的影响。分辨率更高的视频需要更高的码率作为支撑,否则画面会不清晰;同码率的情况下,视频分辨率越高,画面越不清晰。从事后期制作的同学,常常还会碰到一个概念——比特率。其实对于新手来讲,我们可以把比特率等同于码率。

帧速率是指每秒钟刷新的图片的帧数,对影片内容而言,帧速率指每秒所显示的静止帧格数。要生成平滑连贯的动画效果,一般不小于每秒 8 帧;电影一般为每秒 24 帧;电视为每秒 25 帧。捕捉动态视频内容时,帧速率愈高愈好。

在摄像机参数里,分辨率、帧速率和码率在设置时是相互影响的。首先,分辨率会影响帧速率和码率,比如我们在选择 4k 的时候,由于机器性能的限制,我们最高只能拍摄 25 帧 60 兆码率或者 25 帧 100 兆码率的视频。而当我们选择较低的 1080p 分辨率时,则可以拍摄 50 帧 50 兆码率、25 帧 50 兆码率、100 帧 100 兆码率、100 帧 60 兆码率的视频。当我们需要升格镜头,也就是使用慢动作的时候,就需要选择更高的帧速率,这样效果才会比较明显,因此这时候我们只能牺牲一些分辨率来保证帧速率。微单相机的码率和帧速率设置如图 3-7 所示。

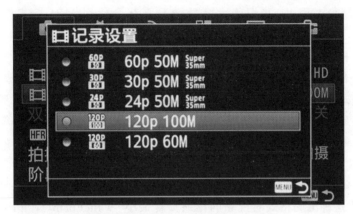

图 3-7　微单相机的码率和帧速率设置

(四)格式与编码

现在视频格式种类繁多。在视频制作完成之后,我们应该以什么格式输出呢?视频一般是由外壳和内核组成。举个例子,我们把视频文件看作一个箱子,视频和音频文件是放在箱子里的物品,箱子可以是纸箱、铁箱或者塑料箱。这里的箱子就是视频的外壳,也就是我们常说的视频封装格式。封装格式就在我们视频的尾缀上,例如 avi、mkv、mov、MP4、AVCHD 等。就像不同材料的箱子各有优缺点,不同的视频格式有其长处和短处。我们先来介绍一些常用的格式。

首先,AVI 几乎能够被所有软件接受,但是由于它体积太大并且过于老旧,不支持许多现代的视频编码(比如 H.264 等),因此我们现在一般不使用这种格式。

Mkv 游击机作为开源格式,对于视频的编码有极好的兼容性,可是由于它不是"出身名门",因此各个软件对其兼容性不同,所以它一般不作为人们视频输出格式的首选。

AVCHD 专为消费者的录像机创造,它与普通封装格式不同,是用文件夹的格式进行封包,媒体信息和视频是分开存储的,也就是说,一旦这个文件夹的秩序遭到破坏,就很有可能导致视频导入的时候出现问题。

WMV 是微软开发的视频编码格式的统称,其优点是磁盘空间占用小于 MP4 格式,但由于它可以播放使用的软件较少,现在媒体行业也很少用该格式来剪辑或者交付成片了。

MOV 即 QuickTime 封装格式(也叫影片格式),它是苹果公司开发的一种音频视频文件格式,更适用于苹果系统的使用和播放。MOV 格式在 Final Cut Pro X 里也是最稳定的一种剪辑格式。同时在我们的 Adobe After Effects 渲染中,也经常使用 MOV 这种体积大小与质量都比较适宜的视频格式。

MP4 是一个支持 MPEG-4 的标准音频视频文件,也是最常见的国际通用格式,其优点在于适用范围广泛,适应性非常强,常见的系统和播放软件都可以使用和播放。它是一种磁盘占用空间小,画质清晰万能的播放格式。在 Adobe Premiere Pro 里用 MP4 格式进行剪辑时,比较流畅。因此,我们绝大多数情况下都会使用 MP4 格式作为最终的输出格式。

说完了作为视频外壳的箱子,我们再来看看箱子里物品的摆放方式。我们要尽可能使用合理的排列组合方式,确保所有的东西都被装进箱子里。采用不同的摆放方式,也就是不同的视频编码格式,我们对视频文件的压缩程度也就不一样,封装格式和视频编码格式会影响到视频的输出质量,例如画面的清晰度、质感,声音的清晰度、立体声效果等。

现阶段常见的视频编码格式有 H.264(MPEG-4)、DVD(MPEG-2)、H.265(HEVG),苹果的 ProRes 和 CineForm(GOpro)。这些格式各有优劣,可以满足不同场景的文件输出需求。当前最主流的视频编码格式是 H.264。在剪辑与调色的时候,很多后期制作人员会选择 ProRes。因为这种编码格式对视频的压缩损耗最小。CineForm(GOpro)也是当下非常流行的编码格式,因为无论是在编码还是解码的过程中,它都非常流畅,即便是用非常普通的笔记本,也可以随意地剪辑这种编码格式的 4k 视频。常见视频格式及视频编码方式如表 3-1 所示。

表 3-1　常见视频格式及视频编码方式

编码格式	编码方式	特点
H.264(MPEG-4)	帧间编码	网络传播最佳
DVD(MPEG-2)	帧间编码	过时
H.265(HEVG)	帧间编码	未普及
ProRes	帧内编码	高效+优良
CineForm(GOpro)	帧内编码	最佳

思考与练习

数字视频格式之间如何转换?

 短视频拍摄基础知识

一、摄影曝光与摄影构图

(一)摄影曝光

曝光的三要素即我们常说的光圈、快门、感光度。下面我们对这三要素分别进行介绍。

1.光圈

光圈通常设置在镜头内,是用来控制光线透过镜头进入机身内感光面的装置(见图 3-8)。光圈越大,进光量越多;光圈越小,进光量越少。换言之,在强光下拍摄时,需要缩小光圈;在昏暗处拍摄时,需要放大光圈。人们用 F 值来表示光圈大小,F 值越大,光圈越小;F 值越小,光圈越大。不同大小的光圈如图 3-9 所示。

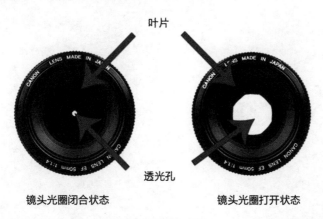

图 3-8　镜头光圈

(1)光圈对拍照的影响

相机光圈的大小直接影响照片的亮度。在感光度相同的情况下,光圈越大,照片越亮;光圈越小,照片越暗(见图 3-10)。

光圈还能够控制景深。景深是指被摄主体影像纵深的清晰范围,即焦点前后范围内所呈现的清晰图像的距离范围(见图 3-11)。景深分为深景深和浅景深,深景深的画面背景清晰,常用于拍风景;浅景深的画面背景模糊,常用于拍人。景深能够增强画面的纵深感和空间感。

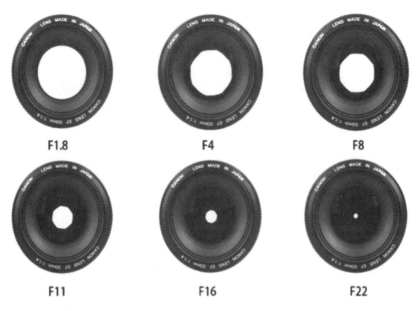

图 3-9 不同大小的光圈

图 3-10 不同光圈的拍摄效果

图 3-11 景深效果展示

我们需要注意的是,光圈越大,景深越浅,背景越模糊(见图 3-12)。景深与光圈的关系如图 3-13 所示。

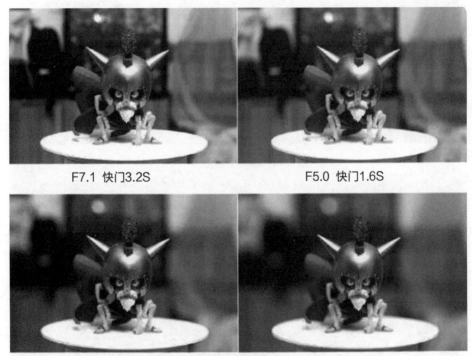

F7.1 快门3.2S   F5.0 快门1.6S

F0.6 快门3.2S   F2.2 快门1/3S

图 3-12 不同光圈下的景深效果

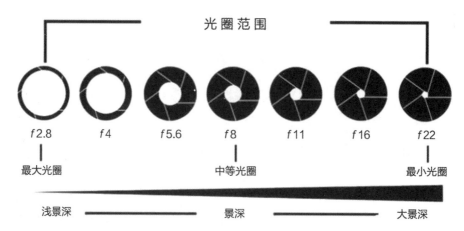

图 3-13　景深与光圈的关系

（2）光圈的设置

方法一：在相机中将转盘调到 Av 档（或 A）（光圈优先），直接转动机身顶部的主拨盘，如图 3-14 所示，就可以调节光圈。

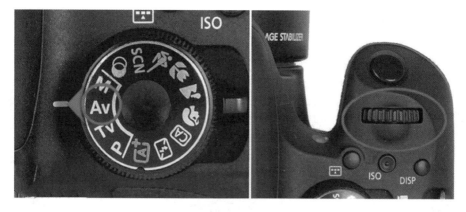

图 3-14　相机上设置 AV 档

方法二：在相机中将转盘调到 M 档（全手动模式），按着曝光补偿键，如图 3-15 所示，同时转动主拨盘调节光圈。

图 3-15　相机上设置 M 档

思考与练习

如何在相机上设定恒定光圈?

2. 快门

快门是摄像器材中用来控制光线照射感光元件时间的装置。快门速度的单位是秒,常见的快门速度有 1 秒、1/2 秒、1/4 秒、1/8 秒、1/15 秒、1/30 秒、1/60 秒、1/125 秒、1/250 秒、1/500 秒、1/1000 秒、1/2000 秒等。

一般相机最快可以设定 1/4000 秒或 1/8000 秒,最慢通常是 30 秒。

相邻两级的快门速度的曝光量相差一倍,我们常说相差一级。如 1/60 秒的曝光量是 1/125 秒的两倍,即 1/60 秒比 1/125 秒速度慢一级(或称低一级)。图 3-16 进行了不同快门的展示。

1/500   1/250   1/125

1/60   1/30   1/15

1/8   1/4   1/2

图 3-16 不同快门的展示

(1)快门对于拍照的影响

快门控制进光量,影响照片的亮度。快门时间长短直接影响进光量的多少。在光圈和感光度不变的情况下,快门时间越长,照片越亮,反之越暗。图 3-17 展示了不同快门的拍摄效果。

| 1/60秒 | 1/500秒 | 1/2000秒 |

图 3-17　不同快门的拍摄效果

高速度快门可以定格瞬间,低速度快门可以记录过程,快门时间长短会影响成像的清晰度,在光圈、感光度、焦距一样的情况下,快门速度越慢,被摄物体越模糊;快门速度越快,被摄物体越清晰。

快门时间不同,拍出的轨迹完全不同,对比效果如图 3-18 所示。

快门速度1/400秒　　　　　　　　快门速度0.5秒

图 3-18　不同快门拍照效果对比

（2）快门的设置

在相机中将拨盘设置到 Tv（或 S）位置（快门优先）（见图 3-19）。这个状态表示光圈是相机根据其他参数确认的。

图 3-19 相机上设置快门

安全快门要求快门时间小于焦距的倒数，但不能比 1/30 秒长，比如用 200 毫米焦距拍照，那快门建议小于 1/200 秒，这样拍出的照片才不会模糊。

思考与练习

在拍摄视频时，相机快门最低能设置多少？

3.感光度

感光度又称 ISO，是指相机对光线的敏感程度。在昏暗的环境下需要提高感光度，感光度越大，相机对光线越敏感；感光度越小，相机对光线越不敏感。

（1）感光度对拍照的影响

在快门速度、光圈大小不变时，感光度的大小决定了照片的明暗。感光度过大，曝光会过度，噪点过多；而感光度太小，曝光会不足，呈现漆黑一片。图 3-20 展示了不同感光度的照片对比效果。

另外，随着感光度的提高，画面噪点会越来越明显，因此理论上说，感光度越低越好。图 3-21 展示了不同感光度的噪点对比。

（2）感光度的设置

感光度可以在 P（全自动曝光模式）、Tv（快门优先模式）、Av（光圈优先模式）、M（手动曝光模式）模式下调节。P 是默认的曝光组合；Tv 是拍摄者设定快门速度，相机自动配合光圈值；Av 为拍摄者设定光圈值，相机自动配合快门速度；M 是拍摄者自己手动操作，可以直接按机身顶部的 ISO 快捷键，然后转动主拨盘调节，拍摄者在屏幕上可以直接看到感光度的数值（见图 3-22）。

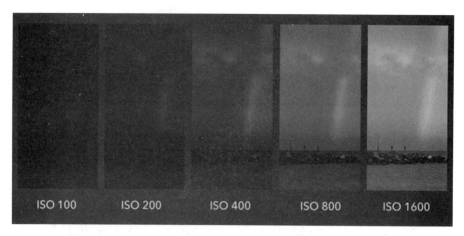

图 3-20　不同感光度的照片对比效果

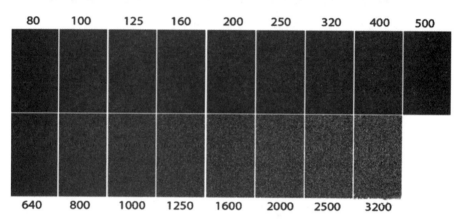

图 3-21　不同感光度的噪点对比

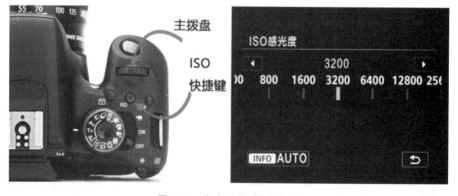

图 3-22　相机上设置感光度

思考与练习

在拍摄视频时,感光度最高可以设置多少?

4.摄影曝光衡量标准

曝光是指在摄影过程中进入镜头照射在感光元件上的光量,由光圈、快门、感光度的组合来控制。三者共同影响着最后照片的曝光,如果其中一个值出现差错,就可能导致照片曝光不足或者曝光过度,使得拍出来的照片太暗或者太亮。

如图 3-23 所示,方框内的曝光刻度表就是衡量曝光是否正常的标志。

图 3-23　曝光刻度表

当指针指在中间的"0"时,表示曝光正常,拍出来的照片亮度合适;当指针指在左边的负数区时,表示曝光不足,拍出来的照片偏暗;当指针指在右边的正数区时,表示曝光过度,拍出来的照片偏亮。曝光刻度表对应的照片效果如图 3-24 所示。

图 3-24　曝光刻度表对应的照片效果

5.光圈、快门和感光度的关系

在感光度不变的情况下,提高快门速度的同时增加光圈值,在曝光结果不变的情况下,可以拍摄瞬间静止的动作,其景深也会变浅,如图 3-25 左图所示,其光圈为 8,快门为 1/1000秒,感光度为 1600,拍出来的瀑布是静止画面。

　　在感光度不变的情况下,降低快门速度,同时减小光圈值,可以保持曝光结果不变的同时,使得运动的物体拥有更大范围的景深。快门速度变慢会导致进光量增加,如果还是维持光圈 8,感光度 1600,画面肯定要过曝,所以要适当减小光圈,降低感光度,保证画面曝光正常。设置光圈为 16,快门为 2 秒,感光度为 200,效果如图 3-25 右图所示,可以把流水拍出丝状。

图 3-25　不同快门下的瀑布

思考与练习

在拍摄雪景时,应该如何控制曝光?

(二)摄影构图

1.构图三要素

　　构图是运用摄影手段,通过对镜头内景物的搭配及对光线的运用,将现实生活中的三维立体世界美观、简洁地再现在二维屏幕上,并且更好地展现被摄主体,赋予画面层次感。构图首先需要考虑主体、陪体和环境三大要素。

　　(1)主体

　　主体是拍摄中关注的主要对象,可以是人,也可以是物。主体作为画面中心,常用于表达内容,并且主体处于画面的关键位置,能够影响整个构图,起到"画龙点睛"的作用。

　　(2)陪体

　　陪体是和主体有一定关系的人或物。摄影时适当地运用陪体,可以起到解释、限定、说明、陪衬主体的作用,并且有利于丰富画面、营造氛围。选择陪体的时候,要注意其是否有利于主体的呈现,并且陪体不是必须存在的,而是根据实际画面情况进行的安排,陪体也可以不完整显示,留给观众想象的空间。

（3）环境

环境包括主体周围的人物、景物和空间,其作用是交代人物、事物、事件,以及地点、时间、空间。环境一般分为前景、中景和背景。前景是指画面中位于主体之前的物或人;中景是介于背景和前景之间的位置,是放置主体和衬托主体的环境;背景是画面中位于主体后面的物或人,常用于交代主体事物所处的地方。环境可用于营造画面意境,并渲染整体氛围。

除此之外,环境要素中还有一项非构图术语——留白。留白是指画面中空闲无物的部分,是除了实体对象外的、起衬托实体作用的其他部分。留白不一定是纯白或纯黑的空白,只要是画面中色调相近、影调单一、衬托画面实体形象的部分,都可以称为留白。

思考与练习

人像摄影中,一般将什么物体作为前景?

2.构图方法

合理运用构图方法、选择恰当的拍摄角度和方位、突出被摄主体,能够让画面中的主体、陪体和环境之间的关系协调。常用的短视频构图方法有以下几种。

（1）中心构图

中心构图是将被摄主体放在画面中心进行拍摄的一种构图方法。中心构图主要具有两大优势:一是能更好地突出主题;二是构图简练,容易让画面达到左右平衡的效果。中心构图效果如图 3-26 所示。

图 3-26　中心构图效果

（2）前景构图

前景构图是指利用被摄主体与镜头之间的景物进行构图。前景构图最大的优点是可以丰富画面,增强画面的层次感。前景构图又可以分为三种,分别是框架式前景、引导式前景以及虚化式前景。图 3-27 以纱帘作为前景进行拍摄,营造出一种清新且朦胧的感觉。

图 3-27　前景构图效果

（3）三分线构图

三分线构图是指将画面横向或纵向三等分,可以是左、中、右三部分,也可以是上、中、下三部分,然后在拍摄时在三分线上进行构图取景。利用三分线构图可以突出被摄主体,并且保证拍摄出来的画面平衡协调、具有美感。三分线构图效果如图 3-28 所示。

（4）透视构图

透视构图是通过拍摄展示画面中由近及远延伸的线条进而起到再现空间的作用。透视构图的立体感非常强,如图 3-29 所示。

（5）黄金分割构图

独具美感的黄金分割构图的原理来源于古希腊数学家毕达哥拉斯发现的黄金分割定律。黄金分割比例广泛用于造型艺术中,黄金分割构图能够让画面呈现一种美感,如图 3-30 所示。

图 3-28 三分线构图效果

图 3-29 透视构图效果

图 3-30 黄金分割构图效果

（6）九宫格构图

九宫格构图又被称为井字型构图，它将画面平均分成九宫格形状，其中线条的交叉点被称为趣味中心。运用九宫格构图拍摄的画面均衡、自然生动，拍摄时可以将被摄主体放在4个趣味中心上，达到一种协调的美感。九宫格构图效果如图3-31示。

图 3-31　九宫格构图效果

（7）框架构图

框架构图是利用框架（如门窗、树枝、洞口等）将被摄物体框起来，框架作为前景可以遮蔽一些不需要的元素，进而把观众的视线引到框内的主体上，让观众产生一种窥视的感觉，适合营造神秘感和故事感。框架构图效果如图3-32所示。

图 3-32　框架构图效果

（8）圆形构图

圆形构图是指利用圆形作为框架，或者画面中主体呈圆形来进行构图。圆形构图最大的优点是能够使得画面流畅、凸显被摄主体，但是该构图方式缺少变化，容易拍得千篇一律。圆形构图效果如图3-33所示。

图 3-33　圆形构图效果

思考与练习

尝试运用框架构图的方法拍摄一组图片。

3.拍摄方向

拍摄方向是以被摄主体为中心，在同一水平面上在被摄主体四周选择拍摄角度。拍摄方向主要包括正面方向、侧面方向和背面方向。拍摄方向可以展示主体与陪体、主体与环境的不同组合关系变化。

（1）正面方向

正面方向，是指摄像机镜头与被摄主体呈垂直状态，也就是镜头位于被摄主体的正前方，充分展示被摄主体的正面，如图3-34所示。拍摄人物的时候，采用正面方向能够清楚地展现人物面部特征、表情动作、身形体格等；在拍摄景或物时，采用正面方向有利于展示环境全貌。

（2）侧面方向

侧面方向是指摄像机镜头位于被摄主体侧面，如图3-35所示。侧面方向拍摄可以表现被摄主体的运动方向及轮廓线条，同时侧面方向拍摄可以结合光影的使用，表现人物之间的交流，刻画人物的神情。

图 3-34   正面方向拍摄

图 3-35   侧面方向拍摄

（3）背面方向

背面方向是指摄像机镜头位于被摄主体的背后，从背面方向拍摄，画面所表现的视向与被摄主体的视向一致，引导观众产生与被摄主体同一视线、同向运动的主观感受，如图 3-36 所示。由于这个方向拍摄时，观众不能直接看到被摄主体的正面形象（神态、动作等），只能通过被摄主体的背面姿态以及环境等来猜测人物的心理活动，所以它能营造想象的空间，引发观众的好奇心。

思考与练习

尝试从正面方向拍摄一组纪实人物照。

图 3-36 背面方向拍摄

4.拍摄视角

拍摄视角是指摄像机镜头与被摄主体水平线之间形成的夹角,一般可分为平视角度、仰视角度、俯视角度、过肩角度等类型。不同的拍摄视角具有不同的优势,呈现的拍摄效果也有所不同。在拍摄短视频的过程中,拍摄者不必局限于某一类拍摄视角,可以使用多视角组合方式进行拍摄。

(1)平视角度

平视角度是指摄像机镜头与被摄主体处于同一水平线上。使用平视角度拍摄与人们的观察习惯相符,使得观众产生一种与被摄主体有眼神交流的感觉,同时平视角度拍摄时,被摄主体不易变形,常用于拍摄人物的近景及特写,如图 3-37 所示。

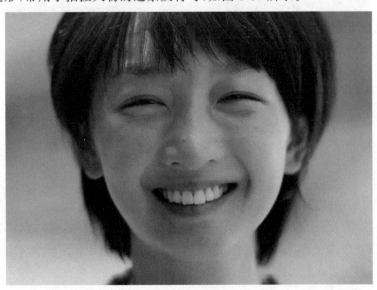

图 3-37 平视角度

（2）仰视角度

仰视角度是指摄像机镜头处于人眼（视平线）以下或低于被摄主体的高度进行拍摄。仰视角度能够引导观众视线随着画面中的线条向上汇聚，进而突出被摄主体的高大、威严，制造一种压抑感或崇敬感，如图3-38所示。仰视角度也可用于模仿儿童的视角。

图 3-38　仰视角度

（3）俯视角度

俯视角度是与仰视角度相反的镜头角度，是摄像机镜头高于被摄主体，从高处往低处拍摄的一种高角度镜头。使用俯视角度拍摄场景，可以制造一种"上帝视角"，进而表现一种宏大的气势。需要注意的是，使用俯角镜头拍摄人物，通常会使得被摄主体有一种低微、软弱无力的感觉，如图3-39所示。

图 3-39　俯视角度

（4）过肩角度

过肩角度也称为拉背镜头，是指相隔一个或数个人物的肩膀，拍摄另一个或数个人物的镜头。过肩角度拍摄的景别一般在中景到中特写之间，通常情况下，背对镜头的角色会作为前景，如采访视频中的记者，而被摄主体则会以正面或者正侧面面对镜头，这一方面增强了画面的纵深感，另一方面使得主次分明（见图3-40）。有时，过肩角度也会用于展示对峙的关系，体现矛盾。

图 3-40 过肩角度

思考与练习

尝试利用仰视角度拍摄一组建筑物照片。

二、摄影用光技巧

在影像中,光线是形成画面的根本,是构图、造型的重要手段。光线不同,产生的艺术效果不同,给人的感觉也不同。视频拍摄者通过对光的选择、调度、控制,可以真实地再现被摄主体的形状、颜色、质感和空间位置等。拍摄者还可以运用特定的光线,有选择地突出或者抑制被摄主体某些内容的表现。同时,拍摄者可以通过合理的光线运用,实现对于作品主题的表达、环境气氛的渲染,以及思想感情的传递。

(一)光的基本概念

控制光线首先需要了解光的基本概念。光的基本概念有光度、光位、光质、光型、光比、光色等。

1.光度

光度也称为光的强度,它是一个应用相当广泛的概念。在视频拍摄中,光度是光源发光强度和光线在物体表面的照度以及物体表面呈现的亮度的总称。光度与曝光直接相关。不同时间段自然光光线强度如图 3-41 所示。

图 3-41　不同时间段自然光光线强度

2.光位

光位是指光源相对于被摄主体的位置,即光线的方向与角度。不同光位下,对同一对象的拍摄会产生不同的效果。摄影中的光位千变万化,归纳起来主要有顺光、前侧光、侧光、后侧光、顶光、逆光、底光等(见图 3-42)。不同光位摄影效果图如图 3-43 所示。

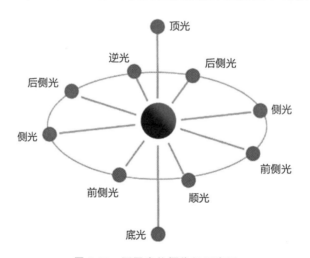

图 3-42　不同光位摄像机示意图

3.光质

光质是指光线聚或散、软或硬的性质。我们通常所说的硬光和软光以及直射光和散射光就是根据光质来划分的。聚光的特点是光来自一个明显的方向,产生的阴影明晰而浓重(见图 3-44)。散光的特点是光来自若干方向,产生的阴影柔和而不明晰(见图 3-45)。

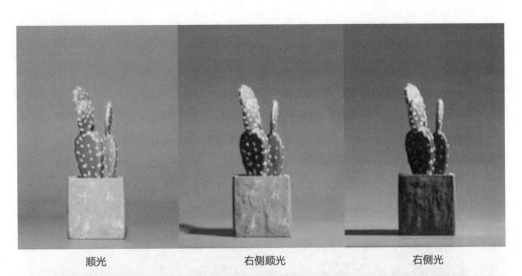

顺光　　　　　　　右侧顺光　　　　　　右侧光

右侧逆光　　　　　后顶逆光　　　　　　左侧逆光

左侧光　　　　　　左侧顺光　　　　　　顶光

图 3-43　不同光位摄影效果图

图 3-44　自然光线下的直射光效果

图 3-45　散射光下人物拍摄效果

4. 光型

光型是指各种光线在拍摄时的作用,一般分为主光、辅光、修饰光、轮廓光、背景光等。每种光都能实现不同的效果,比如背景光可以烘托氛围,轮廓光可以修饰被摄主体的脸型。经典三点布光方式和效果分别如图 3-46 和图 3-47 所示。

5. 光比

光比是指被摄主体主要部位的亮部与暗部的受光量差别,通常指主光与辅光的差别。一般情况下,主光和辅光的强弱以及与被摄主体之间的距离决定了光比的大小。大光比有利于表现硬的效果(见图 3-48),小光比则有利于表现柔的效果(见图 3-49)。

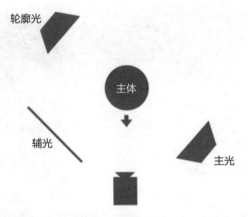

图 3-46　经典三点布光

图 3-47　《天使爱美丽》人物三点布光效果

图 3-48　电影《肖申克救赎》大光比效果

图 3-49　网红视频作品小光比效果

6.光色

　　光色是指光的颜色或者色光成分,也就是我们常说的色温,光色决定光的冷暖感,也决定照片的整体色调倾向,对于表现主题有非常重要的作用。相机不同情况下的色温设置如图 3-50 所示。

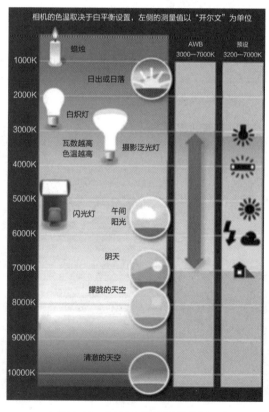

图 3-50　相机色温设置示意图

(二)自然光与人造光

1. 自然光

自然光是指大自然中固有的光,如阳光、天空光、月光等。自然光又可以分为直射光、半直射光、散射光和室内自然光等。不同状态下的自然光色温是不同的,比如,一般日光约为5500 K;中午前后阳光约为5400 K;日出、日落时刻为2000~3000 K;薄云遮日时为7000~9000 K;阴天为6800~7500 K。

另外,不同时段的自然光投射角度不一样,光位也不一样,如图3-51所示。

图 3-51　不同时段自然光线变化效果

2. 人造光

人造光与自然光相对,是人造光源所发出的光线。各种不同类型的人造光源如图3-52所示。室内拍摄一般都要配合使用人造光,外景摄影则以自然光为主,辅以人造光。使用人造光较少受客观条件限制,光位的确定、亮度的控制、光影的布置和各种效果光的使用等,都可由摄影师来支配。

人造光可分为瞬间光源(如闪光灯)和连续光源。其中,连续光源又可分为聚光灯、漫散射灯、柔光灯、影视闪光灯和伞灯等。

图 3-52   各种不同类型的人造光源

(三)短视频拍摄时灯光使用技巧

1.室内拍摄

大多数情况下,室内的光线并不能满足拍摄的需求,拍摄者可以根据不同的房间、不同的分享内容、不同的预算,选择使用不一样的布光方案。

在书房、工作间、卧室中可以拍摄某一兴趣领域的知识分享、产品开箱、生活话题等内容,首先可以在有限的空间内寻找好的光源,例如,大型落地窗旁边就是一个自然光源的布光点。在这样的环境中,可以配合使用 LED 灯的灯光作为主光,根据拍摄面积选择使用不同尺寸的柔光箱,有条件的拍摄者可以通过家用灯光或小型 LED 平板灯为背景氛围增色。

餐厅和厨房可以作为美食分享类视频主要拍摄场所,但是一般来说,厨房所用的家用灯光亮度较低。为了营造更好的画面效果,可以通过布置多盏灯使画面更立体,不仅可以使用小型 LED 灯对桌面上的食材进行精细化补光,而且可以在背景中使用更多的射灯和小灯作为点缀。如果经费允许,还可以增添人物的轮廓光和背景的氛围灯。

对于美妆视频来说,灯光主要服务于出镜人员,其目的是尽可能呈现出镜人员漂亮的容貌,在拍摄时一般使用一个环形灯作为主光,让出镜人员脸部亮度均匀,但这样做的缺点是出镜人员因为脸上没有阴影,会比较显胖。经费充足的话,可以在出镜人员前方与水平方向呈 45°的位置放置柔光箱,靠近人物脸部,打造均匀、细腻的光线质地,并且在桌面上放置一个白色的反光板或者铺一张白纸,对人物下巴的阴影进行补光,同时可以进一步降低画面中的亮度反差并且具有一定的显瘦效果。经费紧张的话,可以使用一个 LED 平板灯为主光源,同样也是配合使用反光板增加发光面积。

2.户外拍摄

在晴天拍摄可以将太阳光作为主光,简单搭配一个反光板即可,但是在光线不足或在夜间拍摄时,如果选择手持自拍,可以配合小体积、高亮度的便携灯;如果使用单反相机拍摄或者以固定机位拍摄,可以选择 LED 平板灯进行补光。

思考与练习

请在短视频平台中,分别找出利用了顺光、侧光、逆光、顶光进行拍摄的短视频。

三、镜头的类别与作用

镜头在视频中有两种含义:一是摄像机、放映机用以生成影像的光学部件;二是从开机到关机所拍摄的一段连续的画面,或两个剪接点之间的片段,我们也称其为画面。镜头是组成整部影片的基本单位。若干个镜头构成一个段落或场面,若干个段落或场面构成一部影片。因此一般认为单个镜头是不具备独立叙事和表意功能的,意义的产生要通过几个镜头组接成的镜头段落来实现。根据镜头的不同属性,我们可以把镜头进行如下分类:根据视觉距离的不同,可以分为不同景别的镜头(远景、全景、中景、近景、特写等);根据摄像机镜头的运动方式不同,可以分为运动镜头和固定镜头;根据表现心理不同,可以分为主观镜头、客观镜头及反应镜头;根据镜头的时间长短不同,可以分为长镜头和短镜头;根据镜头所起到的不同作用,可以分为关系镜头、动作镜头和空镜头。

(一)不同景别镜头

1.远景

远景是所有景别中视距最远、表现空间范围最大的一种景别,重在表现画面气势和总体效果,通常是从高角度拍摄或者用广角镜头拍摄一个辽阔区域。远景的画面主要用于展示环境,常配合固定镜头或者缓慢摇摄作为定场镜头,如图 3-53 所示。

图 3-53　远景

2. 全景

全景是指拍摄人物全身或者场景全貌的画面。全景相对于远景画面景物范围要小一些,被摄主体的细节呈现得更为清晰,但是在表现面部细节上有所欠缺,一般情况下全景通过人物的形体动作刻画人物的情绪。此外,全景还可以通过对环境空间的展现,表现人与环境或者人与人之间的关系,如图 3-54 所示。

图 3-54   全景

3. 中景

中景是指表现人物膝盖以上部分或场景局部的画面。和全景相比,中景重在表现人物的动作细节以及人物之间的互动,常用于叙事剧情,是影片中适用范围最广的景别,如图 3-55 所示。

图 3-55   中景

4.近景

近景通常表现人物胸部以上或者景物局部的画面。与中景相比,近景的被摄主体细节呈现得更加清晰,常用来细致地表现人物的面部特征或情绪以及物体的细节或质地,如图 3-56 所示。

图 3-56　近景

5.特写

特写是视距最近的画面,用于拍摄人物或者物体的局部,常用于故事情节的拍摄,通过刻画细节的方式,展示人物的心理变化。特写镜头通常结合其他景别镜头或者光影营造出一种特殊的画面效果,展示一定的象征意义,如图 3-57 所示。

图 3-57　特写

思考与练习

利用以上介绍的五种景别镜头,拍摄一个会议场景,并将其剪辑成一个新闻片段。

(二)运动镜头和固定镜头

1.运动镜头

运动镜头是指在一个镜头中通过移动摄像机机位、改变镜头光轴、变化镜头焦距形成视角、画面构图变化拍摄的镜头。运动镜头拍摄的画面,被称为运动画面。运动镜头包括推镜头、拉镜头、摇镜头、移镜头、跟镜头、升降镜头和综合运动镜头。

(1)推镜头

推镜头是通过变动镜头焦距或让摄像机逐渐接近被摄主体,使被摄主体在画幅中逐渐变大的摄影方式。其视觉感受为距离主体越来越近,使观众的观察目标转移到拍摄者所要表现的部位。推镜头表现的整体和局部,使所强调的人或物在整个环境中凸显出来,突出主体、描写细节,以加强其表现力。推镜头的速度决定了画面的节奏,在表现紧张画面或主体运动快时,镜头推进速度可以加快;在画面内容平缓或主体运动较慢时,镜头推进速度可以放慢。

对推镜头来说,在起幅、推进、落幅三部分中,画面构图应自始至终注意保持主体在画面结构的中心位置,焦点也落在被摄主体上。落幅的构图要尽量完美,画面应根据节目内容对造型的要求停在适当的景别,并将被摄主体停留在平面最佳结构点上。

(2)拉镜头

拉镜头是通过变动镜头焦距或让摄像机逐渐远离被摄主体,使被摄主体在画幅中逐渐变小的摄影方式。其视觉感受为距离主体越来越远。拉镜头通过把被摄主体重新纳入整体环境,可以使观众看到局部和整体之间的联系;并且拉镜头还可以作为转场的过渡镜头或结束性镜头。拉镜头的拍摄要求与推镜头基本一致,也要始终以被摄主体为构图依据。

(3)摇镜头

摇镜头是摄像机机位固定,拍摄者以自身或以三脚架为支点,通过镜头左右或上下移动拍摄物体,进而引导观众视线的摄影方式。摇镜头可以展示透视空间,扩大观众视野,表明被摄主体之间的关系,或者表现被摄主体的运动轨迹。摇镜头也可以作为一种主观镜头,如果前一个镜头表现的是一个人环视四周,下一个镜头用摇镜头所表现的空间就是前一个镜头里的人所看到的空间。

摇镜头通常在起幅和落幅处略慢,过程中略快。需要注意的是,摇镜头必须有明确的目的性和方向性,镜头要展示需要表现的内容,以满足观众的期待;与此同时,镜头摇的速度以及流畅度会引起观众视觉感受的强烈变化,必须对其进行谨慎把握。

(4)移镜头

移镜头是指摄像机架设在滑轨或其他活动物体上,沿水平方向移动并进行拍摄的摄影方式。移镜头与摇镜头相似,只不过移镜头的视觉效果更为强烈,其通过拍摄不断变化的背景使镜头表现出一种流动感,使观众产生一种身临其境的感觉。

移镜头是通过移动摄像机位置进行拍摄,与被摄主体的角度没有发生变化,适合表现场景中的人与物、人与人、物与物之间的空间关系。

(5)跟镜头

跟镜头是摄像机始终跟随运动的被摄主体并同时完成拍摄的一种摄影方式。跟镜头既能突出运动中的主体,又能交代被摄主体的运动方向、速度、体态及其与环境的关系,是对人物、事件、场面进行跟随拍摄的记录方式,常用于纪实性节目和新闻拍摄。跟镜头还可以表现一种主观性镜头,它将观众的视点引到被摄主体上,给观众一种摄像机的运动是由人物的运动引起的错觉,进而产生一种参与感。

跟镜头拍摄时要注意拍摄画面的稳定,以及跟拍过程中的焦点、角度、光线等因素的变化。

(6)升降镜头

升降镜头是摄像机借助升降装置在上升或下降的过程中完成拍摄的镜头使用方式。升降镜头可以分为垂直升降、弧形升降、斜向升降或不规则升降等类型。升降镜头改变了画面视域,通过多角度、多方位的构图,有利于表现纵深空间中的点面关系或高大物体的各个局部,常用于展示场面的规模和气氛。

(7)综合运动镜头

综合运动镜头是指一个镜头中综合了推、拉、摇、移、跟、升降等多种运动镜头拍摄而成的镜头。综合运动镜头能够在一个镜头中展示多个运动方向,呈现一个场景中相对完整的情节,进而达到再现现实生活的目的。

镜头的运动应力求平稳,每次转换都要使画面形成一个新的角度或景别,故而镜头的运动应尽量与人物动作和方向转换一致。

2.固定镜头

固定镜头是一种静态造型方式,指在拍摄一个镜头的过程中,摄像机机位、镜头光轴和焦距都固定不变。其核心就是画面所依附的框架不动,但是它又不完全等同于美术作品和摄影照片,被摄主体可以任意移动、入画出画,同一画面的光影也可以发生变化。固定镜头主要有以下特点。

(1)画面稳定

固定镜头具有静态框架的形式特点,这与观众日常静止观看的视觉习惯是一致的。在拍摄时,一定要持稳摄像机,有条件的可以使用三脚架等设备。

(2)构图美观

固定镜头可以避免运动镜头造成的框架运动,规范观众视野,限制画面空间,将观众的视线固定在屏幕上,所以对拍摄构图有一定的要求。好的构图更能展现画面人物性格,也能更好地传达拍摄者的创作意图。

(3)特别适合表现静的场景

因为固定镜头的外部框架是静止的稳定的,如果被摄主体也是一种静(安静、沉静的情绪)的状态,则可以产生一种静上加静的效果,带给观众一种舒缓的感受。

(4)可以较好地表现人物

因为固定镜头是不动的,所以观众的视线会集中在被摄主体上,例如在采访类视频中,观众所有的注意力都会集中到人物身上,会更加专注地聆听人物所说的话或者观察人物的情绪。

(5)可以较好地表现动作

固定镜头可以展示精彩动作,尤其是打斗场景。打斗场景中的一整套流畅的动作无法用一个景别展示,这时候通过分镜可以展示精彩的武打动作。

思考与练习

针对一个相同场景,分别运用运动镜头和固定镜头拍摄,并剪辑成片,体会其不同的视觉感受。

(三)主观镜头、客观镜头及反应镜头

拍摄者通常利用镜头语言来传情达意,给观众以想象的空间和参与的机会,尽量使观众对节目的人物或叙述的故事产生共鸣,从而实现引人入胜的艺术效果。这种由于镜头视点变化而引起的视觉转换,称为心理角度,也就是人们常说的主观镜头、客观镜头及反应镜头。

1.主观镜头

主观镜头是指镜头的视点代表被拍人物主观心理角度的镜头。它表达的是当事人或剧中人物的视点。在拍摄画面时,主观镜头尽力引导观众的视线与视频中人物的视线合二为一,使观众对被拍人物的境遇和体验感同身受。这种镜头有强烈的主观感性色彩,也有强烈的表现价值。主观镜头总是在客观镜头的表现中产生,没有客观镜头对场景的描述,主观镜头就没有那么真实、生动、感人。比如,电影《泰坦尼克号》中导演通过设置 Rose 的主观镜头,展现 Jack 邀请其跳舞的场景,运用视觉和情感语言来传达情感和象征意义,让观众在结尾时产生情感共鸣,并思考关于爱、记忆和历史的主题(见图 3-58)。

图 3-58　《泰坦尼克号》电影中的主观镜头应用

2.客观镜头

客观镜头是代表客观心理角度的镜头,也称中立镜头,镜头的视点是模拟一个旁观者或局外人的视点。客观镜头对镜头所展示的事情不参与、不判断、不评论,只是让观众有身临其境之感(见图 3-59)。新闻报道中经常使用客观镜头,即只报道新闻事件的状况、发生的原因、造成的后果,不进行主观评论,让观众去评判、思考。因为画面是客观的,内容是客观的,记者立场也是客观的,从而更容易实现新闻报道客观公正的目的。客观镜头的客观有两层含义:一是反映对象自身客观真实,即拍摄的画面必须是事件现场的画面,即便事件发生在很久之前,再现的内容也必须是真实的;二是对拍摄对象要进行客观的描述,无论拍何种题材的视频,画面可以进行艺术处理,甚至可以夸张,但绝不能脱离被拍摄主体的实际情况去凭空捏造。当然,拍摄者在利用镜头语言进行叙述时,难免融入自己的思想和感情。

图 3-59 《白日梦想家》电影中客观镜头的应用

3.反应镜头

人们一般把反应镜头看作介于主观镜头和客观镜头(画面)之间的反映心理角度的镜头。反应镜头展现的是人物对外界事物的心理反应,并且该心理反应体现在人物的表情或行动上。现场采访时记者的反应,谈话类节目中嘉宾侃侃而谈或真情流露时,主持人和现场观众的反应,一些新闻现场,当事人、亲属和围观群众的反应等,都属于反应镜头(见图 3-60)。

图 3-60 综艺节目《火星情报局》中反应镜头应用

思考与练习

为什么在人物采访中,通常需要加入采访者的反应镜头?

(四)长镜头和短镜头

视频作品中,长镜头和短镜头发挥着截然不同的作用,二者之间的区别主要在于持续时间的长短。摄像机从开机到关机之间的时长决定了镜头的长短,即长镜头持续时间比较长,而短镜头持续时间比较短。镜头的长度取决于镜头内容的需要和观众领会镜头内容所需要的时间,同时还要考虑情绪的延长、转换或停顿所需要的时间,所以镜头长度又有叙述长度和情绪长度之分。观众领会镜头内容的时间,与视距的远近、画面的明暗、动作的快慢、造型的繁简等因素相关。

长镜头大多应用于纪实性新闻和其他纪实性视频作品当中,通常不间断地记录某件事情,使观众感受到真实的过程;而短镜头持续时间短,编创人员有可能把本来没有太多关联的镜头接在一起产生新的意义,因此短镜头适用于叙事蒙太奇故事片的创作。

1.长镜头

(1)固定长镜头

固定长镜头为机位固定不动、连续拍摄一个场面所形成的镜头。最早的电影拍摄就是用固定长镜头来记录现实或舞台演出过程的。卢米埃尔1897年初发行的多部影片,几乎都是以固定长镜头拍摄的。

(2)景深长镜头

景深长镜头是用拍摄大景深的技术手段拍摄,使处在纵深处不同位置的景物(从前景到后景)都能被看清的镜头。例如,拍火车呼啸而来,用大景深镜头,可以使火车从出现在远处(相当于远景)到逐渐驶近(相当于全景、中景、近景、特写)的每个阶段都被看清。一个景深长镜头实际上相当于将一组远景、全景、中景、近景、特写镜头组合起来所表现的内容。

(3)运动长镜头

运动长镜头是用摄像机的推、拉、摇、移、跟、升降等运动拍摄的方法形成多景别、多拍摄角度(方位、高度)变化的长镜头。一个运动长镜头可以发挥由不同景别、不同角度镜头构成的一组蒙太奇镜头的表现作用。

长镜头后来发展成为一种新的美学理念,我们称其为长镜头理论。长镜头理论强调的是影像的真实性,倡导纪实主义。

2.短镜头

短镜头其实就是时间比较短的镜头,电影中指30秒以下、24帧/秒的连续画面镜头,电视剧中指30秒以下、25帧/秒的连续画面镜头。它通常可以呈现视距较近、光线较亮、动作强烈、形象显著且易于领会的画面。短镜头的组接通常采用蒙太奇手法,同样的几个镜头用不同的方式组接会产生不同的剧情效果。

思考与练习

观看纪录片《舌尖上的中国(第一季)》,讨论其中长镜头的作用。

(五)关系镜头、动作镜头和空镜头

1.关系镜头

关系镜头又被称为场景主镜头、交代镜头、空间定位镜头、贯穿镜头或整体镜头。关系镜头的景别处理以全景系列(远景、全景)景别为主。

关系镜头的作用十分明确:交代场景的时间、环境、地点、人物、事件、人物关系及规模、气氛,表现人物与环境的关系、人物大面积位移、人物动作过程及结果(见图 3-61);在连续的镜头画面中,强调景物的造型效果和环境的写意功能,造成视觉的停顿、节奏的间歇。

图 3-61　《指环王 3》电影中关系镜头的运用

2.动作镜头

动作镜头又被称为局部镜头、小关系镜头、叙事镜头。动作镜头的景别处理以中近景及近景系列(中近景、近景、特写、大特写)景别为主。

动作镜头主要是表现人物表情、对话、反应,再现、强调人物动作过程、动作细节、动作方式、动作结果等,表现具体交流者之间的位置关系。连续的动作镜头画面,形成较快的视觉节奏,对人物运动的表现达到视觉效果的高潮。动作镜头由于景别为近景且注重对人物动作的表达,因此以表现人物的动作为主(见图 3-62)。动作镜头的镜头排列对叙事基础(对话)、叙事重点(动作细节)、叙事渲染(动作方式)都有强化作用。

图 3-62 《指环王 3》电影中动作镜头的运用

3. 空镜头

空镜头又被称为渲染镜头。对于空镜头的景别并没有特殊的规定,完全取决于镜头内容的要求和前后剪接镜头视觉上的变化要求。空镜头多用来调整叙事节奏、减弱叙事效果、调整情绪、调整视觉、强调风格。这类镜头的构图更具绘画性效果,更具美感形式,画面色彩更具写意性,如图 3-63 所示。

图 3-63 《指环王 3》电影中空镜头的运用

在创作中,无数镜头画面的排列与组合都是由关系镜头、动作镜头和空镜头组成的。视频拍摄者应该根据视频主题、场景条件、叙事风格合理安排这三种类型镜头的比例,并注意从拍摄到剪辑的过程中三种类型镜头的有序交错比例,争取在视觉上有效吸引观众的注意力。

思考与练习

选取一部影片,分析其中的关系镜头、动作镜头和空镜头。

本章实训内容

参照房琪 kiki Vlog 视频,策划并拍摄制作有关校园介绍的 Vlog 视频。

【注意要点】

第一步:拆解并分析房琪 kiki Vlog 视频

分析房琪 kiki 账号定位属性、主题风格、内容基调、画面拍摄以及剪辑特性。房琪 kiki 的旅游文案带有强烈的个人色彩,将其进行标签化整理,可以发现浪漫、清新、万物有灵是其视频的整体格调。她以第一人称视角将受众代入私密性娱乐的探讨,这种营造的氛围是将观众放在首位,"我有一个秘密只告诉你哦"这种做法极好地取悦了大众,带来不少流量关注。画面拍摄风格更强调场景美术、艺术构图。视频始终保持舒缓、理性的格调。

第二步:文字剧本及分镜头脚本撰写

文案创作可以从三个结构板块入手:一是吸引受众眼球的开场;二是主题内容的分段描述;三是结尾的升华总结。

第三步:取景拍摄

在自然光线条件好的情况下拍摄;注意场景的选择与美化;人物主角面对镜头讲述,动作、表情自然生活化;拍摄素材的数量多多益善;运用一定的拍摄技巧,提高画面美观度与艺术性,例如根据不同的拍摄场景选择光线、留白、构图等;采用专业指向性话筒进行人声录取。

第四步:剪辑

整体内容具备完整性和叙述性,不能断断续续;背景音乐、封面画面的选择以及背景音乐要合适,节奏的快慢恰当,转场流畅合理。

第五步:检查无误后,输出成片

对剪辑好的成片进行检查,看情节是否完整、衔接是否顺畅、配乐是否合适等,确认无误后输出成片。

知识目标

1. 了解常见的短视频拍摄器材。
2. 掌握相机和手机拍摄器材选择技巧以及各种参数设置。
3. 理解静止拍摄和运动拍摄不同的美学特征。

技能目标

1. 熟练掌握相机和手机的各种拍摄技巧。
2. 能够使用各种拍摄附件进行拍摄。
3. 掌握各种特殊的拍摄方法和技巧。

情感目标

1. 具备一定职业摄影师的专业技能和职业素养,并初步形成职业兴趣。
2. 能够使用相机和手机拍摄创作各种题材的作品,体验拍摄的乐趣和成就感。

第一节 几种常见的短视频拍摄器材

生活中较为常用的短视频拍摄器材主要有单反/微单相机和手机。

(一)单反/微单

随着短视频越来越火爆,使用手机拍摄短视频已经无法满足专业创作人员的需求,而单反/微单拥有强大的视频拍摄功能,因此越来越多的人开始使用单反/微单进行高质感视频的拍摄。

1.单反/微单的外部结构

单反/微单由机身和镜头构成,其中机身由取景屏、内部元件、电源开关、存储、工作菜单、调控键钮、回放等构成。

下面以索尼 A7M4 为例,简要介绍单反/微单的外部结构,如图 4-1 至图 4-3 所示。

图 4-1　索尼 A7M4 外观

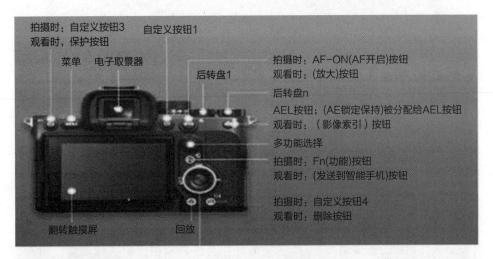

图 4-2　索尼 A7M4 机身按钮

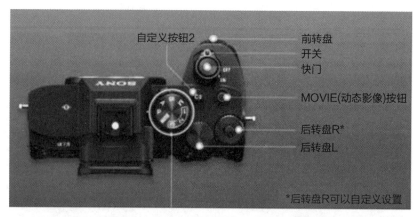

图 4-3　索尼 A7M4 机身顶部按钮

2. 单反/微单的镜头类型

镜头是单反相机的重要组成部分,镜头的好坏直接影响拍摄的成像质量。镜头的基本外部结构如图 4-4 所示。

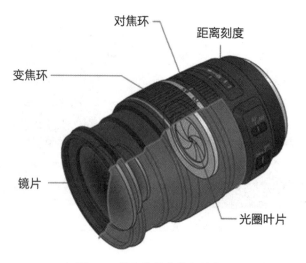

图 4-4　镜头的基本外部结构

在镜头参数中,焦距是指从镜头的光学中心到成像面(焦点)的距离(如图 4-5 的②所示),是镜头的重要性能指标。焦距越长,越能将远方的物体放大成像;焦距越短,越能拍摄更宽广的范围。

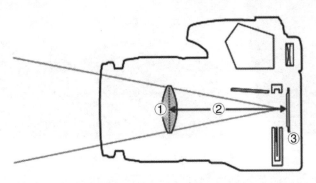

① 镜片中心 ② 焦距 ③ 图像感应器

图 4-5 镜头的焦距示意图

(1)按镜头焦距分类

根据单反相机镜头焦距的不同,可以将其分为标准镜头、广角镜头和长焦镜头。

标准镜头是与人眼视角大致相同的镜头(视角为 50°左右)。标准镜头外观及拍摄效果如图 4-6 所示。

图 4-6 标准镜头外观及拍摄效果

对于单反相机来说,焦距为 50 毫米左右的镜头通常为标准镜头。

广角镜头,又叫短焦距镜头,即焦距短于标准镜头、视角大于标准镜头的镜头。广角镜头的外观及拍摄效果如图 4-7 所示。常用的广角镜头焦距为 24～38 毫米、视角为 60°～84°。广角镜头又分为普通广角镜头和超广角镜头。其中,焦距为 13～20 毫米、视角在 94°～118°的为超广角镜头。

长焦镜头也叫望远镜头,其特性是焦距长于所摄感光片对角线,视角在 40°以下。长焦镜头按其焦距的长短又分为中焦、长焦、超长焦三类。对 135 相机而言,焦距 60～100 毫米为中焦,100～400 毫米为长焦,400 毫米以上为超长焦。长焦镜头可以将远处的景物拉入画

图 4-7　广角镜头的外观及拍摄效果

面,并使局部细节得到淋漓尽致的表现;同时,长焦镜头可以去粗取精、删繁就简,进一步提炼画面元素,使构图得到优化。长焦镜头的外观及拍摄效果如图 4-8 所示。

图 4-8　长焦镜头的外观及拍摄效果

(2)按镜头的焦距是否可变分类

按照镜头的焦距是否可变可以将镜头分为定焦镜头(见图 4-9)和变焦镜头(见图 4-10)。顾名思义,定焦镜头没有变焦功能,而变焦镜头可以在一定范围内调节焦距。

图 4-9　定焦镜头

具体来说,定焦镜头指只有一个固定焦距的镜头,它只有一个焦段,或者说只有一个视野。定焦镜头没有变焦功能,其设计简单,对焦速度快,成像质量稳定。变焦镜头的焦距可以在较大幅度内自由调节,这就意味着拍摄者在不改变拍摄距离的情况下可以通过变换焦距来改变拍摄范围,所以它非常有利于画面构图。

图 4-10　变焦镜头

3.使用单反/微单拍摄视频的要点

(1)分辨率及格式设置

不同的单反/微单所支持的拍摄视频的质量是有差别的,主要体现在视频的尺寸上,也就是我们常说的清晰度。目前,佳能旗下所有支持视频拍摄的单反相机,均支持拍摄全高清视频。而其他品牌的单反相机,大部分支持拍摄高清视频。在没有特殊要求的情况下,一般选择录制分辨率为 1920×1080 的每秒 25 帧的 MOV 格式的高清视频,其设置如图 4-11所示。

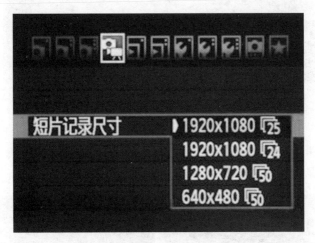

图 4-11　设置录制格式和尺寸

(2)拍摄模式设置

使用单反/微单拍摄视频时,建议选择手动模式进行拍摄,也就是使用相机拨盘上的 M档(见图 4-12)。

(3)快门设置

使用单反/微单拍摄照片时,快门速度越慢,画面的运动模糊越明显;反之,快门速度越快,画面越清晰、锐利。为了保证视频画面播放更符合人眼视频画面的运动效果,一般将快门速度设置为拍摄帧率的 2 倍,即如果视频帧率设置为每秒 25 帧,则需要将快门速度设置为 50 秒(见图 4-13)。

图 4-12　使用 M 档手动曝光模式

图 4-13　设置快门速度

（4）光圈设置

在使用单反拍摄视频时，光圈主要用于控制画面的亮度及背景虚化（见图 4-14）。光圈越大，画面越亮，背景虚化效果越强；光圈越小，画面越暗，背景虚化效果越弱。

图 4-14　背景虚化效果

需要注意的是，光圈值是用倒数表示的，数值越大，光圈越小。例如，F2.8 是大光圈，F11 是小光圈。光圈过小会让画面变暗，这时需要配合调整感光度，以取得满意的亮度。

(5)感光度设置

感光度是可以协助控制画面亮度的一个变量。感光度的设置如图 4-15 所示。在光线充足的情况下,感光度设置得越低越好。即使是在比较暗的光线环境下,感光度也不要设置得太高,因为过高的感光度会在画面中产生噪点,影响画质。

图 4-15　设置感光度

(6)白平衡设置

在使用单反拍摄视频时,需要将白平衡调节为手动,即手动调节色温值(K 值)(见图 4-16)。

色温可以控制画面的色调冷暖,色温值越高,画面越偏黄色(暖);反之,色温值越低,画面越偏蓝色(冷)。一般情况下,我们将色温值调节为 4900～5300K,这是一个中性值,适合大部分题材的拍摄。

图 4-16　设置白平衡

(7)聚焦模式设置

单反的自动对焦会影响画面的曝光,所以拍摄者一定要学会在手动对焦模式下拍摄视频(见图 4-17)。

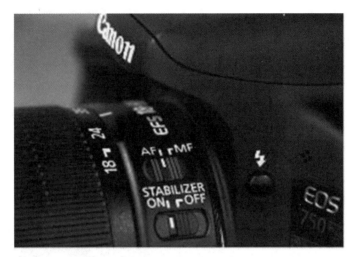

图 4-17 设置聚焦模式

(二)手机

如今手机像素越来越高,且便于携带,手机应用市场中也有许多操作简便的剪辑 APP,因此智能手机成为人们最常用的摄像设备之一。手机拍摄短视频的方式适合对于视频最终效果要求不高,且预算有限的短视频创作者。

1.手机品牌的选择

现阶段市面上主要的手机有苹果和安卓两个操作系统。它们的主要区别在于应用的设备不同、系统的开放性不同、开发机制不同、系统的优先级不同、系统的安全性不同等。

安卓系统具备开放性以及软件的多样性,而苹果系统具备稳定性和安全性,两个系统在两条完全不同的轨道上运行着,风格不同,系统逻辑不同,体验感不同,也吸引着不同的用户。

智能手机发展到现在,可以说已经趋于成熟了,每年推出的新款手机,大部分仅在外观或者少许功能上进行创新,各大手机品牌的功能其实相差不大。特别是国产手机,经过这几年的沉淀,品控和工艺都得到了显著的提高,所以购买什么样的品牌手机,完全可以根据自己需求进行选择。

2.手机拍摄视频的要点

(1)手机基本参数设置

① 苹果手机基本参数设置。

在拍摄视频之前需要进行视频拍摄参数的设置,主要是设置视频的分辨率和帧数,首先来看苹果手机如何设置视频参数。

在苹果手机的设置中,找到"相机",再点击"录制视频",就可以看到视频的参数设置了,一般手机默认的是 1080p HD/30 fps(如图 4-18),这个参数拍摄出来的视频清晰度比较好,也不会占太多内存。通常选择的分辨率越高、视频的帧数越高,拍出来的视频占用内存就越大,例如 4K/60 fps 的视频占用内存最大。

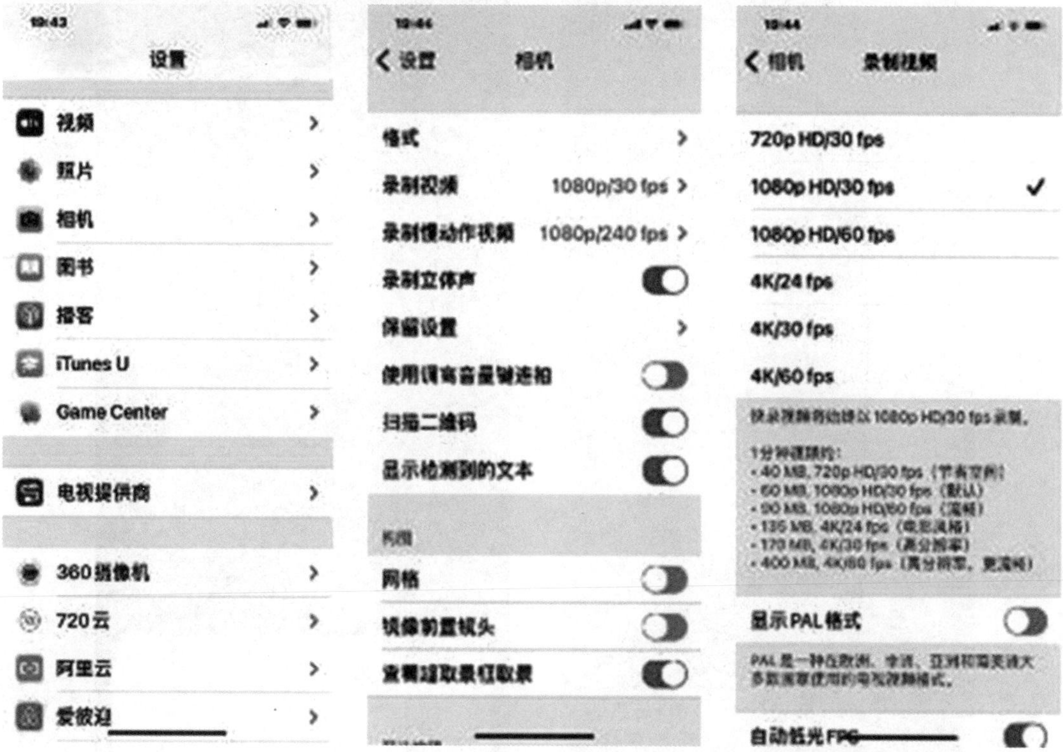

图 4-18 苹果手机基本参数设置

我们拍视频时建议选择 1080p HD/60 fps 的设置,1080p 保证了视频的清晰度,60 fps 能记录更多的画面信息,让视频更加流畅,尤其是在后期视频剪辑时如果需要进行加减速处理,60 fps 就非常有必要了。4K 的分辨率虽然高,但是占用内存较大,且后期剪辑对手机的配置要求高,许多视频剪辑软件在导出时也会把 4K 视频压缩为 1080p。

另外,在苹果手机的视频设置中,可以打开"录制立体声"让录制的视频更加立体(见图 4-18 中间的图)。

在"格式"中,选择"兼容性最佳",可以让视频格式更兼容不同的视频剪辑软件(见图 4-19)。

② 华为手机基本参数设置。

华为手机的视频参数设置主要有三项。首先,打开"相机"图标,调整到"录像"模式,再点击右上角的设置按钮,点击进入"视频分辨率",在这里选择[16:9]1080p(见图 4-20)。

其次,在"视频帧率"这里建议选择 60 fps,确保拍到的视频有较高的流畅度,在后期方便进行加减速的处理。

图 4-19 苹果手机视频格式设置

图 4-20 华为手机参数设置

③ 其他安卓手机基本参数设置。

手机视频拍摄主要是"分辨率""帧率""格式"的设置。因手机的型号、版本新旧不同,每个手机品牌设置入口可能不太相同,参数设置可能会有些许差异,但视频的分辨率和帧率的设置整体来说是大同小异的。

(2)手机拍摄曝光调整

在手机的视频/录像模式下,点击屏幕,出现对焦框后,在对焦框的右侧,会出现一个"小太阳",按住"小太阳"往上滑动可以增加画面的亮度,往下滑动可以降低画面的亮度,通过滑动"小太阳"即可调节画面的曝光(见图 4-21)。

如果需要锁定曝光,在手机的视频/录像模式下,长按屏幕 2 秒即可同时锁定对焦和曝光(见图 4-22)。

锁定曝光的目的是让画面保持曝光的稳定,在手机在移动拍摄的过程中,或拍摄场景中的光线有明暗交替变化时,画面不会出现忽明忽暗的情况。拍视频最重要的一点就是让画面的曝光始终稳定,因此锁定曝光是拍视频必须进行的操作。

图 4-21　苹果手机调整画面曝光　　　　　　图 4-22　苹果手机锁定曝光

　　在光线比较均匀的场景，一般只需要针对主体景物进行曝光/对焦锁定（见图 4-23），针对画面主体景物锁定画面的曝光/对焦，就能拍到曝光稳定的画面。

　　在一些光影明暗交替变化的场景中，通常需要针对画面中亮部景物进行锁定曝光/对焦的操作，确保亮部曝光合适，且画面不会因为光线强弱的变化而出现亮度的变化（见图 4-24）。

图 4-23　对主体进行曝光/对焦锁定　　　　　图 4-24　对亮部景物进行曝光/对焦锁定

在一些需要移动手机进行拍摄的场景,也需要对主体进行曝光/对焦锁定,这样能确保手机在移动过程中,主体的曝光始终是合适、稳定的,画面不会随着手机的移动而出现亮度的变化(见图 4-25)。

图 4-25 对主体进行曝光/对焦锁定

3.手机拍摄专业软件介绍

随着短视频的兴起和智能手机的普及,个人创作者拍摄、上传、分享视频变得越来越容易。为了获得更高质量的视频拍摄画面,人们不再满足手机自带的拍摄软件,而是寻求更专业的拍摄视频软件,从而拓展艺术创作的空间。下面介绍几款经典的视频拍摄专业软件。

(1)ProCam

ProCam 是苹果手机中的专业摄影软件,有各种摄影参数设置,如感光度、快门速度、白平衡、手动对焦等,是拍夜景、车轨流水、延时摄影的利器(见图 4-26)。它还能拍摄 RAW 格式照片,在夜景摄影方面完胜苹果自带相机。

图 4-26 ProCam 界面

（2）ProMovie

ProMovie 是一款功能丰富、简单易用的视频拍摄软件，可以专业操作曝光、对焦、帧率，以及视频录制的每一个方面（见图 4-27）。拍摄者可以充分利用设备的录像功能录制专业级的视频。同时 ProMovie 还可以对用户的人脸进行识别、换妆，让拍出来的照片更符合人像美学。该软件既有苹果版本，也有安卓版本。

图 4-27　**ProMovie 界面**

（3）Focus 专业相机

Focus 专业相机是一款集专业拍照、专业视频拍摄、照片编辑、视频编辑于一体的 APP（见图 4-28）。它融合了强大的计算摄影技术，充分发挥拍摄者的潜能。

图 4-28　**Focus 专业相机界面**

(4)4K 超清 HDR 视频摄像机

该软件提供大量相机 APP 不支持的独特功能,包括摄像头和麦克风的任意切换,4032×3024 超高分辨率视频拍摄,视频/音频编码格式、分辨率、帧速率、码率、视频稳定模式的任意切换和设置,暂停/继续拍摄(见图 4-29)。iPhone 12/13/14 用户支持杜比视界和 HDR10 格式的 HDR 视频拍摄,其他型号手机支持保存拍摄视频为 10bit HLG 或 HDR10 格式。支持利用像素合并格式拍摄夜景视频,显示提升低光环境下视频拍摄质量。拍摄界面直接显示全部可调参数和开关,实现一键切换和设置。

图 4-29 4K 超清 HDR 视频摄像机界面

市面上关于手机拍摄的软件还有很多,既有适合苹果系统的,也有适合安卓系统的,既有付费购买的,也有免费版本的,个人可以根据喜好进行选择。

思考与练习

手机拍摄中如何设置白平衡和感光度?

第二节 短视频拍摄常用辅助设备

很多时候短视频的拍摄需要一些辅助设备来支撑。拍摄短视频常用的辅助设备有稳定设备、收音设备、灯光设备及控光工具、无人机等。对于初学者来讲,不建议购置一堆非常专业的辅助设备,一是购买这些设备需要投入不少资金成本,二是学习使用这些设备需要花费很多时间,许多人因此知难而退。选择辅助设备可以根据自己的实际情况,由浅入深、逐步升级。

一、稳定设备

画面稳定是视频拍摄的基本要求。一些新手在拍摄时,常常会出现画面抖动、水平错位等问题,极大地影响了受众的观感体验,这时候就需要一些稳定设备来辅助拍摄。稳定设备包括脚架、马鞍袋、稳定器等。

(一)脚架

常见的脚架有独脚架(见图 4-30)和三脚架(见图 4-31)。

图 4-30　独脚架

图 4-31　三脚架

独脚架较为轻便、灵活,便于安放且能将相机稳住(不是固定),增加拍摄画面的稳定性。独脚架很容易调节高低和角度,无论是左、右、仰、俯的调节,都得心应手。拍摄者在外出行走、登爬活动时,还能将独脚架作为"拐杖",必要时还能将其作为自卫"武器"。独脚架的不足之处在于,不能将相机很好地固定,不适合长时间曝光拍摄。

三脚架的最大优点就是稳定,它能牢固支撑不同重量的拍摄设备。特别是在特殊拍摄场景,比如夜景、星轨和车轨时,三脚架有着极大的优势。拍摄者利用三脚架可以在同一个位置拍摄很多张位置同一、参数相近的照片。要说三脚架的不足之处,那就是使用烦琐、不够轻便。在专业级别领域,三脚架又可以分为高脚架、中脚架和矮脚架(别名地锅)。

(二)马鞍袋

马鞍袋是一种手持摄影的理想装备(见图 4-32)。拍摄者在手持摄像机进行拍摄时,要想保持画面稳定,还可以借助一些物体来支撑身体和摄像机,比如身体靠着墙、坐在椅子上、将摄像机贴住桌椅门框或者蹲下拍摄等,有时还可以借助一些轻便的辅助器材来支撑摄像机以减轻负重,比如马鞍袋。当拍摄者需要低机位,又想让摄像机角度可控性强时,马鞍袋是最好的选择。因为它柔软又容易成型,摄像机在上面比较稳固,微调起来也很方便。

图 4-32　马鞍袋

(三)稳定器

稳定器是一种在移动拍摄时降低摄像机抖动的视频拍摄辅助装置。稳定器有着极大的灵活性和便利性。我们常规拍摄使用的是手持稳定器(见图 4-33),在专业领域里有一种穿戴式的稳定器装置叫斯坦尼康(见图 4-34)。它可以拍摄比摇臂时间更长的长镜头,一般的轨道拍摄需要平坦的地面,斯坦尼康却可以适应山地、台阶等更多环境,完成更为复杂的移动镜头拍摄。

图 4-33　手持稳定器

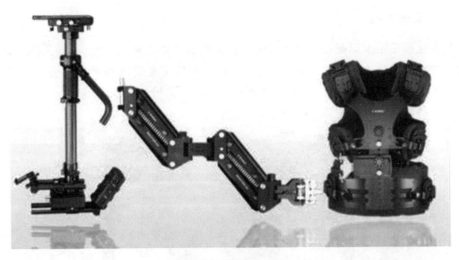

图 4-34 斯坦尼康

二、收音设备

短视频创作者既要做好视频录制工作,又要考虑后期的声音处理。我们用手机自带的麦克风或者相机自带的麦克风内录时,容易受环境的影响,录制的声音嘈杂、浑浊。这时候我们就需要用到收音的辅助设备。目前常用的收音设备有机顶麦克风、领夹麦克风、外录收音设备等。

(一)机顶麦克风

机顶麦克风目前使用最广泛的收音设备(见图 4-35)。它位置固定,收音具有指向性,只能收录到麦克风正前方的声音,如果是多人移动拍摄,一般配合挑杆使用,随时调整麦克风的位置。

图 4-35 机顶麦克风

(二)领夹麦克风

领夹麦克风是用来佩戴在领夹上用来进行人声收音的迷你型话筒设备(见图4-36)。市面上的领夹麦克风从连接方式上划分,主要有有线式领夹麦克风和无线式领夹麦克风两种类型。领夹麦克风具有收音灵敏、小巧便携、失真度低、信号传输稳定等优点,一直受到众多录音爱好者的青睐。领夹麦克风多用于会场表演、个人录制视频等。

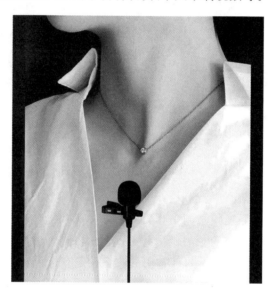

图 4-36 领夹麦克风

(三)外录收音设备

常见的外录收音设备有话筒、声卡、监听设备、调音控制台、效果器、话放等(见图4-37)。而专业级收音设备,声音饱满真实,立体双声道录制,适合对声音要求比较高的用户。

图 4-37 外录收音设备

三、灯光设备及控光工具

视频拍摄常见灯光设备有 LED 灯、镝灯、镝灯、钨丝灯等。除了这些灯光设备,还有一些控光工具,如柔光箱、米菠萝、黑旗、白旗、网格等。

(一)灯光设备

1. LED 灯

LED 灯是目前短视频拍摄领域使用最广泛的一种灯具(见图 4-38),其主要优点是携带方便、使用寿命长、价格合理。LED 灯靠小电流驱动半导体器件发光,耗电小,几乎适用于任何场景,且光线均匀稳定,不受限于拍片空间和环境。LED 灯使用方便,能快速控制色温、亮度。

图 4-38　LED 灯

LED 环形补光灯是许多女性用户或者直播用户的首选,其光线柔和、能够实现美颜效果,并且大部分自带手机支架,使用起来比较方便(见图 4-39)。

2. 镝灯

镝灯的优势就在于亮度高、功率大、发光率高,但相对应的,它所需的电压非常大(见图 4-40)。在实际的拍摄中,摄影组如果要使用镝灯,就需要同时考虑配置三相电的问题。镝灯的光线和钨丝灯不同,它的色温较高,在 5600K 左右,光线偏冷。镝灯体积较大,在短视频拍摄中应用较少,主要是在对质量要求较高的视频制作中使用。

图 4-39　LED 环形补光灯

图 4-40　镝灯

3. 钨丝灯

钨丝灯在短视频中运用也较多（见图 4-41）。相较于镝灯，钨丝灯的价格比较便宜。钨丝灯的发电原理和家用灯泡差不多，功率和亮度取决于内部的灯丝。钨丝灯的色温在 2800K 左右，它发出的光通常会偏黄，而且随着亮度变暗，其色温会更低。

（二）控光工具

我们经常说，布光是三分打、七分遮。学会打光是灯光使用的第一堂课，而学会控光才是使用灯光的精髓所在。图 4-42 是一些常用的控光工具。

图 4-41　钨丝灯

图 4-42　一些常用的控光工具

四、无人机

随着无人机航拍技术日益完善,越来越多的短视频制作者使用无人机航拍技术获取具有高清晰度、大比例尺、高显示性的高空影像。无人机如图 4-43 所示。

图 4-43 无人机

思考与练习

1. 在哔哩哔哩网站观看 Bradon Li 的作品，学习其运镜方式。
2. 登录大疆官方网站，了解各种最新辅助拍摄设备性能。

第三节 短视频拍摄基本要领及手法

对于新手视频拍摄者来讲，拍出视频容易，拍好视频则困难得多。人人都可以拿起手机或相机拍摄视频，但并不意味着人人都可以拍出优秀的视频作品。

一、短视频拍摄基本要领

(一)画面平

画面平是指画面的地平线要保持水平，不能倾斜，在拍摄字幕或带有地平线的建筑时尤其要注意。我们可以借助三脚架的水平仪来校准，肩扛式拍摄或没有三脚架时可以借助寻像器的横边和纵边来校准。

(二)画面稳

画面稳是指使画面保持稳定,避免不必要的晃动。画面不稳会使观众难以看清画面的内容,产生厌倦感,所以在拍摄时尽量使用三脚架。采用肩扛式拍摄时,双腿分开,呼吸均匀,腰部用力,特别要注意保持画面的落幅平稳。拍摄画面的稳定性还与镜头的焦距有关,手持或肩扛摄像机拍摄时焦距越长,画面越容易晃动,用广角镜头可以提高画面的稳定性。

(三)摄像准

摄像准是指拍摄的对象范围、起幅落幅、镜头运动、景深运用、焦点变化都准确。镜头的开始与结束都要有依据,起幅和落幅画面准确到位,镜头的运动一定要符合观众的习惯,镜头推拉之后要注意画面的构图,利用推拉跟焦拍摄运动物体时要遵循"赶前不赶后"的原则,还要注意先对好焦点再开始拍摄。

(四)摄速匀

摄速匀是指摄像机镜头的运动速度要均匀,使画面节奏符合观众正常的视觉规律,不要时快时慢、断断续续。摄像机镜头的运动速度要和拍摄内容保持一致,拍摄时控制好推拉和移动速度。

(五)光线充足

光线充足是获得完美画面的先决条件。对自然光基本形态的认识和把握,是表现画面形象的基础。阳光有着自然而然的变化规律和特性,我们在运用自然光进行拍摄时,要遵循这种客观存在的规律,选择符合创作意图的拍摄地点、拍摄时间和拍摄角度。在一天时间中,太阳的位置也不断发生变化,与地平面形成不同的入射角,只有把握时机,才能拍摄出高质量的视频。

(六)时长恰当

为方便观众了解画面内容,在拍摄另一画面前最好让镜头停留几秒钟。拍摄动态影像时,需要配合适当的时间移动摄像机;拍摄风景时,最适当的拍摄时间是 10 秒左右。如一个镜头的时长太短,观众难以理解内容;反之,如果一个镜头的时长太长,观众容易失去观看兴趣。所以每个镜头的时长颇值得仔细玩味,我们建议每个镜头的特写 2～3 秒、中近景 3～4 秒、中景 5～6 秒、全景 6～7 秒、大全景 6～11 秒,而一般镜头拍摄以 4～6 秒为宜。

(七)画面干净

摄影摄像艺术都是减法艺术,我们在拍摄时,应该尽量避免不干净、不整洁的内容出现在画面中。同时,在对影像作品的优劣进行衡量时,细节刻画占有举足轻重的位置。摄像机通过镜头焦距的变化,制造出画面虚化的浅景深画面效果,这种方法需要主体位于画面的前景或中景,通过背景或前景的虚化,或者背景、前景同时虚化来突出主体。这种手法常用于拍摄花卉和人像,以及风光摄影中前景的运用。

二、静止镜头与运动镜头拍摄技巧

(一)静止镜头拍摄技巧

静止镜头的基本要求就是"稳"。即便是在拥挤、紧急等情况下,拍摄者也应最大限度地保持画面的稳定和平衡。

1.注意捕捉动感因素,增强画面内部活力

静止镜头易"死"易"呆",容易出现平板一块、缺乏生气的情况,因此,在拍摄时应注意捕捉活跃因素,调动动态因素,做到静中有动、动静相宜。比如,拍摄一池春水,就可以在画面中摄入几只嬉戏的鸭子。涟漪的运动和鸭子的运动使得"死水""活"了起来。此外,静止镜头中人物的运动,也是活跃静态画面的有效手段。

2.注意纵向空间和纵深方向的调度和表现

静止镜头如果不注意前景、后景及立体、陪体等的选择和安排,不注意纵轴方向上的人物或物体的高度,就容易出现画面缺乏主体感、空间感的问题。这就要求我们在拍摄时注意选择拍摄方向和拍摄距离,有目的、有意识地提炼纵深方向上的线、形、色等造型元素,并注意利用光影的节奏、间隔和变化,形成有纵深感的光效和光空间。

3.固定画面的拍摄与组接应注意镜头内在的连贯性

固定画面与固定画面组接时涉及很多方面的内容,对镜头的要求很高。我们常说的画面与画面组接时的"跳",就是初学者易犯的错误。比如,把两个景别变化不大、人物动作发生变化的固定画面相接,从视觉感受上来讲,会觉得被拍摄主体近于病态地"跳动"了一下。这就要求我们在拍摄时,充分考虑后期编辑的组接问题。像上面所说的情况,就应该拉开不同镜头的景别关系,又比如,用全景固定画面组接近景固定画面,中景固定画面组接特写固定画面等,观众就不会感觉到"跳动"了。有经验的摄像师在拍摄时,会注意从不同角度、不同景别来拍摄一些固定画面,这样一来,后期编辑时就比较方便了,镜头的利用率也高。

4.构图一定要注重艺术性、可视性

现在许多视频拍摄者似乎有一种偏见,那就是拿起摄像机拍画面就要推、拉、摇、移。但实际上,静止镜头的拍摄,往往更能反映拍摄者的基本素质和真正水平,它是对拍摄者构图技巧、造型能力、审美趣味和艺术表现力的综合检验。拍摄者要注意把静止镜头拍美,从视觉形象的塑造、光色影调的表现、主体陪体的提炼等多个层面加强锻炼,以拍摄出构图精美、景别清楚准确、画面主体突出、画面信息凝练集中的优秀视频。

(二)运动镜头拍摄技巧

前文讲过,运动摄像就是在一个镜头中通过移动摄像机机位、变动镜头光轴,或者改变镜头焦距进行拍摄。通过这种方式拍摄到的画面就是运动镜头。与静止镜头相比,运动镜头具有画面框架相对运动、观众视点不断变化等特点,它不仅通过连续的记录和动态表现呈现被摄主体的运动,还通过摄像机的运动产生多变的景别和角度、多变的空间和层次,以形成多变的画面构图和审美效果。按照摄像机状态改变的方式和产生的画面效果,运动镜头可分为五种最基本的形式,即推镜头、拉镜头、摇镜头、移镜头和跟镜头。特别需要注意的是,不管哪一种运动形式,其画面运动的过程均可分为起幅(运动准备)、运动(运动中)和落幅(运动停止)三个阶段。

1. 推镜头

推镜头形成的向前运动画面是对观众视觉空间的一种改变和调整,其景别的由大到小,既是对观众视觉空间的一种限制,也是一种引导。推镜头在拍摄时应该注意以下事项。

(1)推镜头要有明确的表现意义

推镜头为了表现一定的画面内容,其重点是落幅,要表现的重点内容也应该在落幅的静止画面上。在推镜头的过程中,画面主体应始终位于画面的结构中心,这样也方便后期剪辑。

(2)推镜头的运动速度要合适

推镜头的运动速度直接关系到画面表现的节奏与视觉情绪。画面情绪紧张时,推进速度要快;画面情绪平缓时,推进速度要慢。同时,表现运动物体时,推镜头的速度也应与画面主体的运动速度一致,避免过快或过慢造成画面不均衡,甚至出现主体跑到画框外的情况。

(3)推镜头应保证焦点和落点的准确性

在推镜头过程中,主体应始终在焦点范围内,景深的选取要保证主体在画面内的清晰度。同时,最好在实际拍摄前预演推镜头,保证落幅画面的准确性。

2. 拉镜头

拉摄是摄像机逐渐远离被摄主体,或变动镜头焦距(从长焦调至广角)使画面框架由近至远、与主体拉开距离的拍摄方法。用这种方法拍摄的视频画面被称为拉镜头。由于拉镜头的镜头运动方向与推镜头正好相反,所以在技术上应注意的问题与推镜头大致相同,也有着基本一致的创作规律和要求。

3. 摇镜头

摇镜头改变的是摄像机镜头光轴所对的方向。摇镜头在运动形式上有水平摇、垂直摇、间歇摇、环摇、倾斜摇,以及甩镜头等。摇镜头在拍摄时要注意以下两个方面的问题。

（1）摇镜头应该有其明确的目的和表现内容

摇镜头迫使观众改变视觉空间，对后面摇入画面的新景物产生更多期待，如果之后的画面没有什么可供观众欣赏的看点，或者后面的事物与前面的事物没有任何联系，那么，从观众的角度而言，期待就会转变为失望，从而破坏了画面的可观赏性，也会直接影响观众的观看情绪。

（2）摇镜头应该注意摇的速度

任何一个成功的摇镜头都离不开对摇摄速度的正确设计和精心控制。在摇摄运动物体时，镜头运动的速度要尽量与运动物体一致，保证画面主体始终在画框内的某个位置，过快或过慢都会造成画面的混乱与不稳定。摇摄速度还会作用于人的视觉，引起一种情绪的变化，因此，摇摄的速度还要注意与画面情绪发展相对应，画面内容紧张时，摇摄速度要相对快些；画面内容抒情时，摇摄速度要相对慢些。

4. 移镜头

移镜头是指摄像机机位沿水平面向任意方向移动时所摄得的画面。根据摄像机移动的不同方向，移镜头可分为横移动、前移动、后移动和曲线移动等。

横移动指摄像机沿水平方向向左右移动拍摄的画面，运动方向与镜头光轴的方向垂直。

前后移动是指镜头在水平面沿着镜头的光轴方向做顺向或逆向运动所拍摄的画面，正常情况下，人们很难将其与机位推拉区别开来，但有一条可以说明问题，前后移动镜头中的主体对象是在不断变化的。

曲线移动是摄像机在水平面做曲线移动。一般而言，被摄主体处于静态时，摄像机移动使景物从画面中依次滑过，形成巡视或展示的视觉效果。被摄主体处于动态时，摄像机伴随着被摄主体移动，形成跟随的视觉效果。摄像机与被摄主体逆向运动时，还可营造特定的气氛。

移镜头能够较好地展示环境、表现人物，是影视的主要造型手段之一，丰富了画面的表现形式。例如，追踪镜头常常使用移镜头的方法拍摄，即摄影机在移动的过程中，与被摄主体保持相对位置不变。这可以通过轨道、稳定器或无人机等设备来实现。追踪镜头常用于追随行人、车辆或其他运动物体，以增强动态感。

5. 跟镜头

跟镜头大致可以分为前跟、后跟（背跟）、侧跟三种情况。前跟是从被摄主体的正面拍摄，也就是拍摄者倒退拍摄，背跟和侧跟是拍摄者在人物背后或旁侧跟随拍摄的方式。跟镜头的拍摄要注意以下几点。

（1）在跟镜头的拍摄中，"准"是最起码的要求

无论被摄主体的运动速度多快、多复杂，拍摄者都应将其稳定于画面的某个位置。不论画面中人物如何上下起伏、跳跃变化，跟镜头的画面应基本是平行或垂直的直线性运动，因为镜头大幅度和次数过多的上下跳动极容易使观众产生视觉疲劳。

（2）跟镜头拍摄时应考虑和注意实际条件变化

跟镜头是通过机位运动完成拍摄的一种方式，拍摄时镜头焦点、拍摄角度、光线入射角会随着机位的改变而变化，因此拍摄时应注意随机应变。

（3）跟镜头的运用要慎重

虽然跟镜头能连续不断地追随被摄主体，保持其运动的连贯性，但如果过多地运用跟镜头，容易造成视频的节奏缓慢，尤其是在被摄主体的运动方向变化较多时，更应当注意。

6. 升降镜头与综合运动镜头

升降镜头是一种从多视点表现景物的方法，其变化有垂直升降、弧形升降、斜向升降和不规则升降等。在拍摄过程中适当改变摄像机的高度和俯仰角度，可以给观众新奇、独特的视觉感受。许多摄像机支架可以升到大约 2 米高或降低至距地面约 70 厘米，这些都依不同的升降机及拍摄需要而有所不同。

使用升降镜头的注意事项如下。

（1）考虑场地限制

在选择使用升降镜头之前，要考虑场地的限制和条件，确保场地具备足够的空间和结构稳定性来支持升降设备的安装和运动。

（2）保持焦点平稳

使用升降镜头时，保持焦点的稳定是至关重要的。拍摄者可以使用自动对焦功能或者手动调整焦距，以确保主体始终清晰可见。

（3）考虑照明需求

升降镜头的使用可能会对照明产生一定的影响，在进行拍摄前，要仔细评估场景的照明需求，并对其做出相应的调整，确保拍摄过程中照明效果良好。

（4）保持运动的流畅性

使用升降镜头时，要注意保持运动的流畅性，避免突然的停顿或改变方向，以免影响受众的观看体验。专业的升降设备和操作技巧可以帮助拍摄者实现流畅的运动效果。

（5）创造动态构图

升降镜头可以用来打造各种动态构图效果，可以利用升降运动来改变画面的组成和视角，创造独特而引人注目的画面。

综合运动镜头较复杂，各种变化较多，因此在拍摄过程中需要考虑和注意的地方也很多。在实际拍摄中，除了画面的特殊要求外，综合运动镜头应力求平稳，不同运动方式的转换要流畅。此外，画面的构图要正，不能倾斜、摇晃，否则会让受众产生眩晕的感觉。机位运动时要注意焦点的变化，始终将主体放在景深范围内，同时注意拍摄角度变化对造型的影响。

三、几种特殊的拍摄方法与技巧

(一)延时摄影

延时摄影又称缩时摄影,亦称间隔摄影、旷时摄影,它是在拍摄一组照片或视频之后,通过后期的照片串联或视频抽帧,把几分钟、几小时甚至是几天、几年的过程,压缩在一个较短的时间内,最后以视频的方式播放出来。延时拍摄既可以利用手机拍摄,也可以利用专业相机拍摄。

现在的手机一般都自带延时摄影功能。以苹果手机为例,打开相机,找到延时摄影功能,固定好手机,锁定曝光,即可进行拍摄。延时摄影最关键的一点就是稳定,稍有抖动,就会对整个画面产生极大的影响。

相机延时摄影拍摄具体方法如下。

第一步,架上三脚架,插上快门线;第二步,选择 M 档进行拍摄,关闭自动对焦,选择手动对焦,对焦时要放大查看画面是否清晰;第三步,选择固定数值的白平衡,如日光等;第四步,选择 RAW 格式,给后期留下更大的调整空间;第五步,选择多重测光模式(佳能叫评价测光模式,尼康叫矩阵测光模式);第六步,确定好要拍摄的张数和间隔时间,比如要记录 20 分钟(总拍摄时间)的场景,预计帧数为 30 帧,展示出来的视频长度为 20 秒。

延时摄影时,场景要有动静对比、有变化,尽量避开闪烁的强光源,相机电池和存储卡要确保能够长时间拍摄。

(二)稳定器拍摄

稳定器拍摄常被称为运镜拍摄,拍摄者一边环绕主体旋转,一边拍摄视频,可以有效地强调主体存在感。稳定器拍摄最常用的是以下四个最基本的镜头运动方式。

1.低角度拍摄

低角度拍摄适合用来开始一段故事的讲述,它相当于一个定场镜头,可以交代环境和人物。这种低角度水平横移的镜头,和我们从水平角度看到的内容是非常不一样的,能够给观众一种陌生的感觉,甚至会产生一种高级感。

2.拉远镜头

拉远镜头适合用在视频的结尾。在故事快要结束的时候,在许多旅拍视频中都会见到这样的镜头——镜头画面逐渐后退远离,最终画面只剩下人物和一个大背景。

3.拉远抬头运镜

拉远抬头运镜是一种类似摇臂的运镜方法,这类镜头语言在很多的视频里也被用作定场镜头。在拍摄时也非常简单,可以理解成我们镜头在逐渐拉远的同时,做了仰轴的运动。

4.甩尾式运镜

这种运镜方式会出现在一些剧情片中,简单来说就是画面的主角朝镜头的方向走,同时拍摄者朝着主角的方向走,当拍摄者经过主角的时候,来一个回头甩尾,镜头继续跟在主角身后进行拍摄,讲述主角接下来要做的事情。这种运镜方式不仅能够很好地呈现画面主角的外表和状态,还能流畅地讲述之后主角要做的事情,能够起到很好的承接作用。

(三)无人机航拍摄影

无人机航拍摄影是空中摄像的新方式,在保证画面质量的同时,具有成本较低、结构简单、操作便捷、场景灵活的特点,其在新闻报道、纪录片摄制等领域均有应用。无人机航拍使用的是"第一人称飞行"航拍模式,也就是通过无人机上的摄像机,把人的视角提高至半空,地面视频接收装置实时显示空中视角。

初学者如何进行无人机航拍呢?首先需要注意的一点是,飞行器在空中做左右、前进等基本动作时,目光应该一直对着无人机的尾部来操控,否则会晕了方向。因为无人机在空中是可以转圈的,操作杆的方向跟飞机的飞行方向不总是保持一致的,所以一旦飞行器发生转向或越轴,操作杆跟方向要反着来。此外,一般无人机的高度可以达到四五百米,在实际操作中,一般不需要飞那么高,将高度控制在 200 米以下。换言之,可以操控无人机"画"一个半径为 200 米的圆弧。无人机航拍的相机镜头以广角为主。

无人机航拍之前需要注意天气和场地的问题。风力不能太大,不宜超过三级。飞行路线要避开飞机场附近和军事飞行路线。一定要找空旷的地方,保持 GPS 的信号稳定。现在市面上推出的一些无人机具有一体化的功能,操作简单,没有专业背景的外行人都可以直接上手。对于无人机航拍的新手来说,一开始最好选购便宜的无人机来进行飞行训练,因为航拍的第一步是会飞,需要进行不同动作的多次训练,其间不可避免会遇到各种小状况。

思考与练习

在公园中尝试使用静止拍摄和运动拍摄两种不同的方式拍摄相同的场景对象。

本章实训内容

分别使用相机和手机创作一部自己所在城市风光片(时长 2 分钟左右)

【注意要点】

第一步:前期方案策划

在网络寻找城市风光片案例,从中寻找创作灵感;分析自己所在城市的特点、寻找地标建筑及城市特点地貌;确定拍摄主题及基调。

第二步:创作大纲及分镜撰写

风光片一般无解说词,但需要前期撰写创作大纲,理顺镜头结构逻辑。分镜撰写过程中建议借鉴优秀案例风光片镜头拍摄技巧,模仿其拍摄的角度,以及构图、光线等要素。充分考虑每个场景的镜头数量及剪辑节奏。

第三步:取景拍摄

不同自然光线条件下城市面貌变化;使用无人机拍摄的场景及地域;适当使用延时摄影技巧;稳定器使用技巧;画面美观度与艺术化。

第四步:剪辑

视频整体调性与节奏;音乐音效使用;封面标题字幕设计。

第五步:输出成片

短视频剪辑结束之后,要多次审看成片是否情节连贯、衔接准确、配乐合适,确定无误后输出成片,归档保存。

短视频后期制作基础知识 第五章

知识目标

1. 了解常用的剪辑工具以及常用的后期制作辅助软件。
2. 了解从事视频剪辑工作的基本要求,包括基础知识和技能要求。
3. 理解视听语言与蒙太奇的相关概念。

技能目标

1. 掌握利用剪辑软件进行短视频后期制作的基本方法。
2. 掌握叙事蒙太奇及表现蒙太奇的剪辑技巧。

情感目标

1. 运用视频语言和蒙太奇理论,分析影视作品,发现影视作品的美感。
2. 剪辑过程中传递正确的价值观,培养对短视频后期制作工作的敬重与热爱。

第一节　短视频后期制作基础知识

一、常用的剪辑工具

(一)移动端剪辑工具

1.剪映

剪映是抖音官方推出的一款手机视频编辑应用,它具有强大的视频剪辑功能,支持视频变速与倒放。即使是没有剪辑基础的用户也可以通过剪映在视频中添加音频、识别字幕,甚至可以使用滤镜和美颜达到预期的效果。自 2021 年 2 月起,剪映支持在手机移动端、Pad 端、Mac 电脑、Windows 电脑全终端使用。

2.巧影

巧影是一款适用于 Android 系统、谷歌 Chrome OS 系统和 iOS 系统的短视频处理 APP,它专注于视频自由更换背景、手写、一键变声等功能,为剪辑中的视频、图像、贴图、文本、手写提供多图层操作功能,同时拥有精准编辑、一键抠图、关键帧动画、多倍变速、多种屏幕尺寸、超高分辨率输出等功能。

3.快剪辑

快剪辑是 360 公司推出的国内首款视频剪辑软件,可以在线边看边剪,既有 PC 端快剪辑,也有移动端快剪辑。刚入门的新手也可以利用快剪辑快速完成视频内容剪辑;而视频剪辑的专家可以利用快剪辑生产爆款短视频作品。

4.小影

小影(VivaVideo)是一个面向大众的短视频创作工具,它集视频剪辑、教程玩法、拍摄于一体,具备逐帧剪辑、特效引擎、语音提取、4K 高清、智能语音等功能。用户使用它可以轻松地对视频进行修剪、变速和配乐等操作,还可以一键生成主题视频。同时,小影还可以为视频添加胶片滤镜,增添字幕、动画贴纸、视频特效、转场及调色,制作画中画、GIF 动图等。

5.VUE Vlog

VUE Vlog 是 iOS 和 Android 应用分发平台上的一款手机视频拍摄与美化工具。它能够让用户通过简便的操作实现 Vlog 的拍摄、剪辑、细调和发布。VUE Vlog 拥有大片质感的滤镜，自然的美颜效果，丰富且有趣的贴纸、音乐和字体素材等，能够帮助用户制作出高质量的 Vlog(2022 年 6 月 30 日之后，VUE Vlog 已经停止运营)。

(二)PC 端剪辑工具

1. Adobe Premiere Pro

Adobe Premiere Pro(简称 Pr)是由 Adobe 公司开发的一款非线性视频编辑软件。它提供了采集、剪辑、调色、美化音频、字幕添加、输出、DVD 刻录等一整套流程，并和其他 Adobe 软件高效集成。Pr 具有强大的视频编辑功能，能够充分发挥用户的创造力，比较适合有一定剪辑基础的用户使用。

2. Adobe After Effects

Adobe After Effects(简称 AE)是 Adobe 公司推出的一款图形视频处理软件，也是 Pr 的兄弟产品。它是一套动态图形的设计工具和特效合成软件。AE 可以为视频增添更好的视觉效果，主要应用于动态图形设计、媒体包装和视觉特效，它可以配合 Pr 创建引人注目的动态图形，产生令人震撼的视频效果。

3. EDIUS

EDIUS 是美国 Grass Valley(草谷)公司制作推出的一款非线性编辑软件，它专为满足广播电视和后期制作环境的需要而设计，提供了实时、多轨道、多格式混编、合成、色键、字幕和时间线输出功能。用户利用 EDIUS 制作的视频能够达到 1080p 或 4K 数字电影分辨率。同时，它支持所有业界使用的主流编解码器的源码编辑，甚至当不同编码格式在时间线上混编时，都无须转码。另外，用户无须渲染(渲染即用软件从模型上生成图像的过程)就可以实时预览各种特效。

4. 会声会影

会声会影是加拿大 Corel 公司制作的一款功能强大的视频编辑软件，具有图像抓取和编修功能(即平移、复制、旋转等编辑和修改功能)。会声会影为用户提供了 100 多种编辑功能。它拥有上百种滤镜、转场特效及标题样式，其操作简单且功能全面，能够让用户快速上手。它提供完整的影片编辑流程解决方案，从拍摄到分享，成品效果甚至可以挑战专业级的影片剪辑软件。该软件具有成批转换功能与捕获格式完整的特点，可以抓取、转换 MV、DV、V8、TV 和实时记录抓取画面文件。

5. 爱剪辑

爱剪辑是国内推出的首款简单易用、功能强大的视频剪辑软件。它支持 AI 自动加字幕、调色、去水印、横屏转竖屏等多种剪辑功能，且其诸多创新功能可以和影院级特效媲美。

用户可根据自己的需求利用爱剪辑自由地拼接和剪辑视频,其创新的人性化界面是根据国内用户的使用习惯、功能需求与审美特点进行设计的。

6. Final Cut Pro

Final Cut Pro(简称FCP)是苹果公司于1999年推出的一款专业视频非线性编辑软件,它包含进行视频后期制作所需的一切功能。导入并组织素材、编辑、添加效果、改善音效、颜色分级、立体视场的360°全景视频等操作都可以在该应用程序中完成。

作为FCP新版本的Final Cut Pro X(简称FCPX)在视频剪辑方面进行了大规模的更新,新的磁性时间线(Magnetic Timeline)可让多条剪辑片段如磁铁般吸合在一起。同样,剪辑片段能够自动让位,避免剪辑冲突和同步问题。片段相连(Clip Connections)功能可将B卷、音效和音乐等元素与主要视频片段连接在一起,复合片段(Compound Clips)功能可以将一系列复杂元素规整折叠起来,Auditions则可将多个备选镜头收集到同一位置循环播放,让用户挑选最佳镜头。值得一提的是,Final Cut Pro X具有内容自动分析功能,用户载入视频素材后,Final Cut Pro X可以在用户编辑视频的过程中自动在后台对视频素材进行分析,根据媒体属性标签、摄像机数据、镜头类型,乃至画面中包含的任务数量进行归类整理。

思考与练习

在自己的手机或电脑中下载安装剪映,尝试剪辑一段素材。

二、常用的后期制作辅助软件

(一)格式转化工具

前面我们介绍过视频格式,如果视频格式不对,导入剪辑软件时可能会出现卡死等问题,这时需要对原有视频进行转码。转码就是将音视频进行解码并重新编码,从一种格式转换为另一种格式。

格式转化首推格式工厂,这个软件可以转化市面上绝大多数格式。更神奇的是,这个软件可以下载网络视频和录屏,新版本还可以把网易云音乐NCM格式转化为MP3格式。这种格式在我们剪辑的过程中经常会用到。

小丸工具箱是一款转码及对视频进行压缩的软件。我们在不同平台上传视频的时候经常会遇到文件过大或者传文件限100M以下的问题,这时候可以用小丸工具箱解决。

(二)字幕软件

有些剪辑软件自带的字幕系统操作起来效率很低,这时候我们可以借助第三方字幕软件来提高制作效率,这里主要推荐Arctime Pro。Arctime Pro是一款专业的字幕软件,可以满足我们在不同平台的字幕需求,它还有语音识别、一键添加等功能,可以大幅度提高添加字幕的效率。

(三)语音识别工具

这里主要推荐在线软件讯飞听见和网易见外。我们在工作中有时需要提取视频中的文字内容、采访或者领导发言,这个时候就需要一个语音识别平台,它能把语音转换成文字再来添加字幕。

(四)视频污字/水印去除工具

我们在剪辑视频过程中经常会使用一些视频素材,但素材有时会带有相关污字/水印,这必然需要使用视频污字/水印去除工具。市面上常见的工具有无痕去水印等。需要强调的一点是,我们在使用视频素材时一定要注意版权问题。

(五)AI 配音

现阶段很多剪辑软件自带 AI 配音功能,比如剪映。我们也可以用第三方软件或在线平台生成 AI 配音。

(六)听歌识曲

在视频制作过程中,我们常常需要借鉴一些音乐素材。有时我们听到了一首中意的歌曲,但不知道它的歌名,就需要听歌识曲。严格意义上说,听歌识曲不是个软件,在我们常用的音乐软件中都有这个功能,比如网易云音乐、QQ 音乐等。

三、常用的后期制作资源网站

(一)综合类网站

综合类网站如爱给网、光网、包图网、新 CG 儿等,包含音效、配乐、视频以及各种 AE 和 Pr 模板等众多综合类资源,而且有一小部分是免费的。我们可以直接在搜索框内输入关键词进行搜索,也可以根据自己的视频要求,精确到时间和大小,进行高级选项搜索。网站页面有许多分类,用户也可以根据分类一项项检索。此外,还有一个非常实用的网站——addog,它集合了广告行业的大批优质平台,包含业内资讯、创意设计、创意文案、创意短片、热搜榜、数据洞察等多个栏目。

(二)佳片欣赏网站

当我们剪辑片子灵感枯竭时,常需要一些参考,尤其是对新手而言,模仿与借鉴是非常重要的。场库网、新片场等就是非常优秀的佳片欣赏网站。我们可以从中欣赏行业内的优质作品来提高自己的审美水平和剪辑技巧。

(三)LookAE 插件下载网站

Pr、AE、FCP 等软件的基础功能有时无法满足我们影片制作的需求,我们还需要安装大量的插件,尤其是 AE,它甚至被戏称为插件运行平台。而 LookAE 这个网站就是一个获取插件的优秀平台。

(四)音效类网站

音效类网站首推耳聆网和淘声网。耳聆网是国内比较老的音频网站之一,它里边的音频质量高,且素材完全免费。同时,用户可以在该网站自主上传声音素材,通过这种方法,与其他人进行资源的交换与共享。这个网站的缺点就是素材更新慢,甚至很多素材都是好几年前的。淘声网有着独特的搜索分类和高级搜索选项,音频数量多,质量也高,但是下载烦琐,且有数量限制。这样的音效网站还有很多,比如小森平、Freesound、Free SFX、Sound Jay 等,在此不再一一赘述。

(五)字体网站

不少创作者在后期制作过程中为字体设计发愁,下面简要介绍常用的字体网站。首推的是字由网,这是一款包含 600 余种免费可商用的字体管理工具,用户在这里可以快速寻找并一键应用想要的字体。网站还适配多款软件,不用担心兼容性问题,十分方便。除此之外,用户也可以在下面几个网站中寻找需要的字体:100font(https://www.100font.com/);字体传奇(http://www.ziticq.com/);字体家(https://www.zitijia.com/);字魂(https://izihun.com/from=ssc&fk=39346)。

(六)预告片世界

如果想学习一些预告片剪辑技巧,我们可以打开预告片世界这个网站,进行电影预告片的免费观看与下载。预告片一般包含影片的精华片段,经过精心剪辑,给观者留下深刻的印象,从而吸引他们观看影片。通过学习吸收这样的剪辑手法,来加强自己的剪辑能力,也是我们学习过程中比较重要的一点。

这里需要强调的是,这些资源网站和平台有些素材(包括音乐、字体)是不能用于商业用途的,特别是网易云音乐之类,并不是只要免费就能拿来随便用。近些年这类侵权案件频发,我们需要注意区分、谨慎选用。

> **思考与练习**
>
> 利用各种资源网站,下载相关音视频素材,剪辑一段关于农民春耕的短视频。

视频剪辑基本任务与标准流程

一、视频剪辑的基本任务

视频剪辑是视频制作中非常重要的一部分,是把拍摄的内容编辑成最终作品的过程。视频剪辑的质量决定了整个作品的质量,也是影响视频效果的关键。

(一)流畅与连贯

我们在剪辑视频时应该注重视频的流畅与连贯,遵循从一般到特殊的原则,即从一般的场景开始,逐步转入特定的场景,以便让观众更好地理解视频的内容。剪辑是通过对视频中动作的分解与组合进行艺术再创作,即把视频中的人和物的动作分解成独立的画面,再将这些单独、零散的动作画面重新组合(还原)为连续运动的整体。视频中任何蒙太奇形象的再塑造、任何情节段落的构成,都是建立在动作的分解与组合这一基础之上的,因此,视频的流畅与连贯体现着视频剪辑的基本性质,也是视频剪辑的基本任务。

(二)逻辑与形象

剪辑的另一个任务是根据视频语言的语法、章法、思维形象,对视频的视听语言进行再创作。一个视频只有视听语言准确流畅、整体结构逻辑完整,才能完美地表现情节、人物和思想情感,而视听语言的形成与质量,又依赖于画面组接的质量。

(三)节奏与情绪

我国著名编剧、导演郑君里说过,蒙太奇诞生于艺术构思时,定稿于剪辑台。这说明剪辑就是运用蒙太奇对视频的镜头素材进行艺术处理。如果在观影时,观众从头到尾都能感觉到创作者想要表达的感觉,他们最终记住的不是剪辑手法,也不是摄影技巧,甚至不是故事,而是情感,是他们的感受,那么这个视频的创作就是成功的。视频中的节奏和情绪至关重要,它能控制观众对视频的感知。

思考与练习

观看纪录片《出神入化:电影剪辑的魔力》,并谈谈自己的观影感受。

二、视频剪辑标准流程

很多初学者在视频剪辑时,拿起素材就开始往剪辑软件里放,但是作为一个专业的剪辑师来讲,应该养成良好的工作习惯,建立视频剪辑的标准流程。

(一)建立标准素材文件夹

剪辑师拿到素材的第一件事是拷贝及备份,在专业的电影拍摄中有一个职位叫DIT——数字影像工程师,他们的主要工作就是拷贝和管理拍摄的素材。作为一个剪辑师,素材就是生命,为了保证素材的绝对安全,剪辑师应该做好素材的备份工作。如果条件允许,最好是做一个磁盘阵列,这样即使硬盘坏了,原始素材都能完整地保留下来。

素材备份完成之后,就要进行素材的归类和整理工作。素材的归类和整理可以大幅度提高后期制作的效率。现在很多摄像机或手机支持自定义照片文件名,拍摄后可以直接把相关信息写入,便于后期编辑。视频、音频的前期整理也可以用文件名,不过需要备注更多的信息。在拍电影时,大家会看到每个镜头前都有一个场记板,这个场记板能够在每段素材的前几秒标注视频的内容,这样后期工作人员在剪辑时就不用整段浏览素材来确定视频的内容。

短视频工作者可以按照树状系统来归类和整理素材。在这个树状系统里,最上层的是项目文件夹,它一般以"×年×月×日—单位—项目"的方式命名,在二级目录中我们则分为后期、生成、实拍素材、客户素材、其他素材、声音、字幕、文档这几个文件夹。其中,后期就是我们的工程文件,在三级目录中我们也会对其按照使用软件的不同来进行分类,比如 Pr、AE、PS 等,用了几个软件就建几个文件夹;生成就是我们在不同软件中的输出,一般来说,在后期有几个文件夹,这里也就有几个相对应的文件,比如 AE 渲染的动画、Pr 渲染的最终成片等;实拍素材这个文件夹的三级目录中一般分为航拍、延时和地机三种,每一个三级目录里都会按照拍摄的时间或者地点进行分类,如"实拍素材-地机-2020.12.31-黄鹤楼";客户素材就是我们的客户给的辅助视频剪辑的素材,如 logo、历史照片、PPT 等;其他素材就是网络下载或者购买的素材,我们可以将不同项目中购买的素材拷贝到一个硬盘中分类整理,这样慢慢积累,就会拥有一笔巨大的财富;声音这个文件夹的三级目录中可以设置配音或者同期声、音乐和音效;字幕就是影片的唱词和解说词;文档就是脚本和分镜。

(二)研读脚本

建立标准素材文件夹之后,剪辑师也不是马上开始剪辑工作,而是要研读脚本或者叫纸上剪辑,这是剪辑工作中非常重要也非常容易被忽略的一步。脚本是导演对视频效果的一种设计,在动手剪辑前,剪辑师可以根据脚本核实所拍摄的素材,发现与实际拍摄情况不一样的地方,及时与导演沟通解决方案。同时剪辑师通过这种方式也可以罗列视频的主线、框架、主题、形式,了解视频的情感与风格,这些也是我们后期剪辑中一些技巧使用的依据。

(三)粗剪

研读脚本之后就可以开始粗剪。粗剪就是根据剪辑脚本的要求对原始素材进行筛选，这里我们还要对素材进行二次整理，对每一个镜头掐头去尾，保留有效信息，并且进行颜色标记；然后依照脚本对素材进行松散的罗列，在粗剪时每一个素材都会多留一点，一些难以取舍的镜头也会保留。粗剪的目的是看视频能否传递预期的主旨和情感。我们在粗剪过程中不要放过任何有疑问的地方，比如某个时间提供的信息量是否饱满，内容是不是有所重复，能不能有效吸引观众等，这些都要跟导演进行沟通。

(四)精剪

精剪就是在粗剪的基础上，根据视频的内容和风格要求，对原来的镜头排列进行调整，主要包括结构顺序的局部调整和多余镜头的删除。精剪还有一项重要工作，就是选择镜头的剪辑点，剪辑点将直接决定每个镜头的长度，以及镜头连接处的状态，比如是动接动还是静接静。选择剪辑点时，我们既要确保镜头内容表达的准确完整，又要兼顾视觉的流畅和作品的风格等。我们在精剪时要时刻思考这样几个问题——这个时候观众想看什么？情绪是怎样的？视觉效果是否流畅？作品风格是否符合预期？这些问题的顺利解决是最终视频能够吸引观众的关键。

(五)添加配音和配乐

一部完整的视频由声音和画面组成，所以声音在视频中的作用是不可忽视的，有时音乐甚至能直接影响视频的成片质量。剪辑时选择合适的配乐，为转场、延时镜头选择合适的音效进行点缀，使片子在声音上更有层次，可以给视频加分。

(六)特效包装

特效包装主要是赋予视频丰富的感官体验。画面中人景物、声光色生动逼真，不给人以违和感，才是好的特效包装。特效包装的主要工作内容包括 CG 特效、片头、片花、人名条等制作。

(七)添加字幕

添加字幕是视频后期处理的重要环节，包含同期字幕、重点屏幕字幕等。

(八)调色

调色是视频剪辑后期一项重要的工作，好的视频调色不仅在视觉上让视频看起来更加舒服，还会让整个视频的质感得到极大的提升，同时，好的视频调色可以让视频中的画面内容变得更加饱满，贴合视频主题。

(九)检查输出

精剪完成之后，要对视频内容进行检查，如音视频信号是否符合播出的标准，视频长度是否符合播出要求,有无夹帧和跳帧现象,屏幕字幕是否有错别字,声音混音比例是否合适,影片输出体积大小是否得当等。

这里需要强调视频输出命名的问题。初学者常常随机输出一个视频文件名称,但是商业制作上,视频常常需要修改多次,也会输出多个版本,很容易混淆,所以标准的视频文件命名方式是"×年×月×日—客户单位名—项目名"。

> **思考与练习**
>
> 长视频和短视频在剪辑流程上有什么差异?

三、视频后期剪辑原理

(一)视听语言

视听语言就是利用视听刺激的合理安排向受众传播某种信息的一种感性语言,它是结合画面的视觉感受,配以声音的听觉感受,从而构成的一种"剪辑的艺术"。对于电影、电视、广告等影像产物来说,视听语言是必不可少的存在。

影视中的视听语言主要包括影像、声音和剪辑三个部分。影像、声音和剪辑这三者之间的关系如下:首先是"视"(影像),然后是"听"(声音),最后这些"视""听"(影像、声音)通过剪辑,构成一部完整的影视作品。

> **思考与练习**
>
> 试比较视听语言与文字语言的异同。

(二)蒙太奇

蒙太奇是法文 montage 的音译,原为建筑学用语,意为安装、组合、构成。电影工作者用蒙太奇来说明影视片镜头的组接。蒙太奇的表现方法主要是通过导演、摄影和剪辑工作的再创造来实现的。

狭义的蒙太奇是指镜头组接的章法和技巧。广义的蒙太奇则是整个影片的思维方法、结构方法和艺术手段的总称。蒙太奇作为影视镜头构成的语法规则,主要有以下四点作用。

一是构成作用。若干个镜头经过组接,能表达一个完整的意思,并产生比每个镜头单独存在更丰富的意义。

二是创造时空作用。人们可以根据艺术构思的需要,删掉素材中一些不必要的过程,重新组合时间和空间。

三是声音和画面结合作用。通过声音与画面的有机结合、互相作用,构成特殊的声画结合的形象,产生新的含义,从而更深刻、生动地揭示与刻画人物的内心活动。

四是营造节奏作用。影像中的节奏与情节发展、感情气氛的渲染密切相关,而节奏的形成与镜头的长度、镜头景别的远近、摄像机运动的速度有关,与蒙太奇组接的方法也有密切关系。

蒙太奇具体可以分为叙事蒙太奇和表现蒙太奇。

1.叙事蒙太奇

叙事蒙太奇以交代情节、展示事件为主要目的,一般按照事件发展的时间流程、逻辑顺序和因果关系来分切组合镜头、场面和段落。马赛尔·马尔丹在《电影语言》一书中对"叙事蒙太奇"有过详细的论述,"所谓叙事蒙太奇,是蒙太奇最简单、最直接的表现,意味着将许多镜头按逻辑或时间顺序段集在一起,这些镜头中的每一个镜头自身都含有一种事态性内容,其作用是以戏剧角度(即戏剧元素在一种因果关系下展示)和心理角度(观念对戏剧的理解)去推动剧情发展","叙事蒙太奇的作用便在于叙述一段剧情,展示一系列事件"。①

叙事蒙太奇可分为连续蒙太奇(顺叙)、平行蒙太奇(话分两头说)、交叉蒙太奇(插叙)、颠倒蒙太奇(倒叙)。

(1)连续蒙太奇示例

近景　风雨中,铁门上灯是灭的,一位年轻妇女踉跄而来。

远景　妇女在叩门,有人出来扶她进去,闪电照亮了铁门上"孤儿院"几个字。

中景　雨过天晴,铁门上灯光明亮。

近景　一声婴啼,妇女睡在床上看着刚出生的婴儿。

(2)平行蒙太奇示例

全景　甲开车直行,前方是十字路口。

中景　乙开车从另一个方向过来,正在接电话。

中景　甲鸣笛,准备开过去,就要到十字路口。

中景　乙很激动地讲电话,表情沉重,头微低,即将到十字路口。

全景　十字路口上,甲一侧头发现乙车,马上急刹车,乙加速通过。两车车距不到半米。

(3)交叉蒙太奇示例

特写　闹钟在响,时间显示 7:20。

中景　学生惊醒,急忙起身下床。

全景　老师走出办公室。

近景　学生在快速刷牙。

全景　老师走出办公楼。

近景　学生快速洗脸;学生慌乱地找衣服。

中景　老师看表,时间显示 7:23。

---

① 马塞尔·马尔丹.电影语言[M].何振淦,译.中国电影出版社,2006:108.

全景　学生抓起书包甩门而出。

全景　学生飞快地奔向教室。

（4）颠倒蒙太奇示例

全景　餐厅内，男主角杰克（Jack）坐在餐桌上等待女主角艾莉斯（Alice）。

近景　杰克坐在餐桌上，焦急地看着手表。杰克（自言自语）：她怎么还没来？我们约好了晚餐的。

近景　回到过去，艾莉斯坐在餐桌上等待杰克。艾莉斯（自言自语）：他怎么还没来？我们约好了晚餐的。

中景　回到现在，杰克仍然等待艾莉斯。

中景　回到过去，艾莉斯坐在餐桌上，目光不安地环顾四周。

近景　艾莉斯（自言自语）：他怎么还没来？我们约好了晚餐的。

中景　回到现在，杰克焦急地环顾四周。

中景　回到过去，艾莉斯不耐烦地站起来离开餐桌。

中景　回到现在，杰克看着空荡荡的餐桌。

中景　回到过去，艾莉斯站在门口，手里拿着电话，泪流满面。

近景　艾莉斯（悲伤地说）：他怎么还没来？我们约好了晚餐的。

近景　回到现在，杰克愣在原地，茫然地看着餐桌。

2.表现蒙太奇

表现蒙太奇是以镜头对列为基础，通过相连镜头在形式或内容上相互对照、冲击，从而产生单个镜头本身所不具有的丰富含义，以表达某种情绪或思想，或揭示事物间的有机联系，或表达概念，或创造思想，或抒发情绪，或阐发哲理。马赛尔·马尔丹认为，"表现蒙太奇，它是以镜头的并列为基础的，目的在于通过两个画面的冲击来产生一种直接而明确的效果，在这种情况下，蒙太奇是要致力于让自身表述一种感情思想，因此，它此时已非手段而是目的了，它已不是将尽量利用镜头之间的灵活联接来消除自身的存在作为理想的目的。相反，它是致力于在观众思想中不断产生割裂效果，使观众在理性上失去平衡，以使导演通过镜头的对称予以表达的思想在观众身上产生更活跃的影响"[①]。

表现蒙太奇可分为积累式蒙太奇（相似）、对比式蒙太奇（相反）、隐喻式蒙太奇（类似）、重复式蒙太奇（相同）等。

（1）积累式蒙太奇示例

电视剧《三国演义》中火烧赤壁片段。火箭纵横、刀枪相拼、战马嘶鸣、人声鼎沸，组成火攻赤壁的战争场面。

---

① 马塞尔·马尔丹.电影语言[M].何振淦，译.中国电影出版社，2006：108.

（2）对比式蒙太奇示例

国产影片《黄土地》中一幕。在昏暗的房间里，新娘翠巧静静地坐在炕上，新郎用一只很脏的手去揭她的盖头布；室外腰鼓队正在欢鼓雷动。

（3）隐喻式蒙太奇示例

央视《新闻调查》的"毒者自白"中。宋玉生第一次戒毒，妻子对毒品了解不多，认为戒毒不难，只要吃药就行了，这段解说后出现了连续的慢镜头。① 宋玉生的妻子把一条金鱼放回金鱼缸的手部特写；② 宋玉生的妻子盯着金鱼缸的脸部特写；③ 放进去的金鱼和其他同伴一起游动，把解说词和画面联系起来就不难知道妻子对宋玉生戒毒的期望，金鱼回到水中和同伴一起游动对应着宋玉生回到正常的生活，本体和喻体的关系就明确了。

（4）重复式蒙太奇示例

近景　人物 A 坐在办公桌前，专注地敲击键盘。

全景　人物 B 进入办公室，把一杯新鲜的咖啡放在办公桌上。

近景　人物 A 注意到新的咖啡，停下手中的工作，拿起杯子喝了一口。

近景　人物 A 继续工作，专注地敲击键盘。

全景　人物 C 进入办公室，把一杯新鲜的咖啡放在办公桌上。

近景　人物 A 注意到又有新的咖啡，停下手中的工作，拿起杯子喝了一口。

近景　人物 A 继续工作，专注地敲击键盘。

全景　人物 D 进入办公室，把一杯新鲜的咖啡放在办公桌上。

近景　人物 A 注意到第三杯咖啡，停下手中的工作，拿起杯子喝了一口。

近景　人物 A 继续工作，专注地敲击键盘

思考与练习

平行蒙太奇和交叉蒙太奇有何区别？

（三）视频剪辑基本技巧

剪辑是对视频制作过程中拍摄的大量素材进行选取和剪接的过程。具体来说，就是运用蒙太奇手法，对镜头进行分组和衔接，将不同镜头的画面有机组合成叙事的情节，使画面结构更为严谨、语言生动流场，突出人物形象和主体。短视频剪辑虽然没有影视剪辑那样复杂，但是在对短视频进行后期剪辑时，创作者还是需要严格遵循一般的视频剪辑原则。

1.符合剧本内容的要求

剪辑要尊重剧本内容，按照故事发展情节进行，不能随意发挥想象。剪辑还要符合常识

性的逻辑,例如在视频中听到开门的声音回头看,此时门的状态应该为已开,而不是人物回头后门才刚要开。

2.注意形象的大小与角度转变的范围

这一条原则尤其适用于主观镜头,当画面人物视角转变后,要注意使形象的大小与角度转变的范围符合常理。

3.保持一定的方向感

比如两个人之间面对面交流,他们各自的视角范围是有一定局限的,因此,出现其他人物或事情时,他们发现和做出反应的顺序是不同的,这个需要注意。

4.保持清楚的连贯性

这里的连贯性包括时间上的连续性与空间上的完整性,我们不仅要通过剪辑使音响流畅,还应注意时间的安排、速度和节奏的关系以及镜头的选择等。

5.使画面色调协调

我们在剪辑时要注意画面色调在镜头之间的转化,因为每个镜头拍摄时间不同,光线会有所区别,所以在剪辑的过程中需要注意调整色调,使其在同一段视频中保持一致。

思考与练习

阅读《魅力剪辑:影视剪辑思维与技巧》(中国广播电视出版社出版,周新霞著),并说说阅读后的收获。

本章实训内容

利用剪辑软件,剪辑活动类影像短片(时长 1 分钟左右)。

【注意要点】

第一步:浏览熟悉素材,确定剪辑思路

通过预览素材,熟悉内容,梳理整个活动流程及节点,确定活动重点环节,分配各个活动节点时间,确定大致剪辑形式。

第二步:粗剪及精剪

粗剪的目的是按照剪辑思路,展现活动各个环节。精剪的目的是按照音乐节奏确定镜头长短以及初步设计特效、字幕环节。

第三步:特效与字幕制作

特效制作形式以及字幕设计样式必须与整个短片主题基调相吻合。

第四步：画面调色

利用剪辑软件自带校色工具调整短片画面颜色，确保整个短片画面颜色基调统一。

第五步：检查输出

主要是检查视频长度是否符合要求，有无夹帧和跳帧现象，屏幕字幕是否有错别字，以及配乐是否合适，等等。

常用短视频剪辑软件的使用 第六章

知识目标

1. 熟悉 Premiere Pro 基础操作知识。

2. 掌握 Premiere Pro 的剪辑方法与设计理念,具备动态影像的非线性编辑能力,并能做到融会贯通,具备其他非线性编辑软件的使用能力。

技能目标

1. 熟练掌握 Premiere Pro 软件操作技巧。

2. 掌握视频切换的各种特效。

3. 掌握字幕的制作方法和效果设置。

4. 能够剪辑完成各种类型短片。

5. 具备画面组接的整体把握能力,能够完成完整的视频合成处理工作。

情感目标

1. 能够自主进行创作,做出优秀的短视频作品,培养对视频剪辑工作的热爱。

2. 在剪辑中养成勤学好问、不断探索的精神,增强与人合作交流的意识。

第一节 Premiere Pro 基础操作入门

Premiere Pro 简称 Pr,是 Adobe 公司旗下一款专业的视频编辑工具,多用于多轨道剪辑、抠像合成、字幕添加以及音频处理。这些专业的剪辑功能可以提升短视频创作者的创作自由度,帮助短视频创作者制作出更优质的短视频作品。

一、新建项目

打开 Pr 后,用户可以鼠标左键单击"文件"—"新建项目"完成新建项目,或者在英文模式下同时按下"Ctrl＋Alt＋N"快捷键,在弹出的"新建项目"对话框中,一般只需要对项目的"名称"和保存"位置"做出设置,其余选项基本不用设置,如图 6-1 所示。然后单击"确定"按钮,即可新建一个项目。

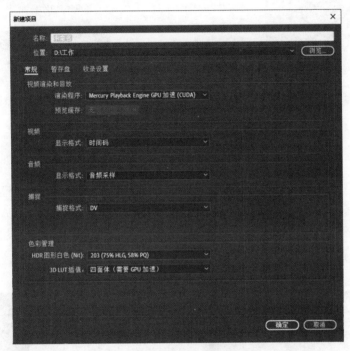

图 6-1 新建项目界面

二、新建序列

新建项目完成后,之后的操作通常是新建序列。序列是 Pr 里的一个时间线,相当于 PS 的画布,我们可以在这个序列上自由创作。序列可以设置大小、场和显示格式,其中,大小就是画面的长宽比,我们日常使用的高清长宽比是 1920×1080,场我们一般选择"无场(逐行扫描)",显示格式就是帧速率,如果是在电脑或者手机上播放,我们一般选择每秒 25 帧。

(一)新建序列的方法

新建序列有以下三种方法。

第一种是用户以鼠标单击"文件"—"新建"—"序列",新建序列。

第二种是在项目素材箱点击鼠标右键,选择"新建项目",再点击"序列",新建序列(见图 6-2)。

第三种是使用快捷键"Ctrl＋N",新建序列。

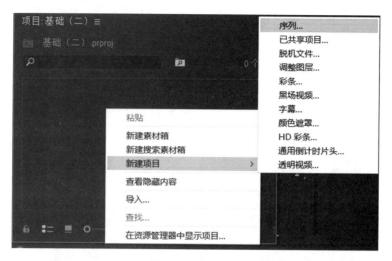

图 6-2　新建序列

(二)设置序列

新建序列后,会弹出一个"新建序列"对话框,用户可以在该对话框中设置序列详情。

首先,用户可以在"序列预设"里面寻找合适的序列格式,通常可以在"AVCHD"文件夹中选择合适的序列预设。在右边的"预设描述"中可以查看用户设置预设的相关信息,如图 6-3 所示。选择后,可以更改序列名称,然后单击"确定"即可完成序列设置。

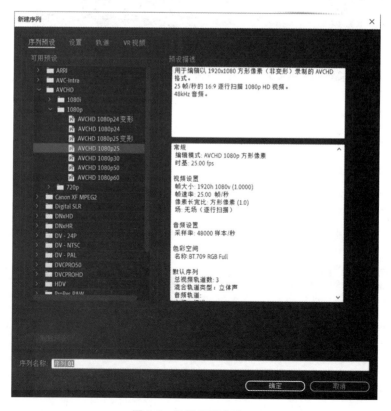

图 6-3　设置序列方法一

其次,我们也可以根据自身要求手动设置序列,单击鼠标"序列预设"右边的"设置",在"设置"选项卡中,对一些参数进行修改,如图6-4所示。完成参数设置后,用户根据设置的要求命名,之后单击"确定"按钮,序列设置完成,编辑面板打开。

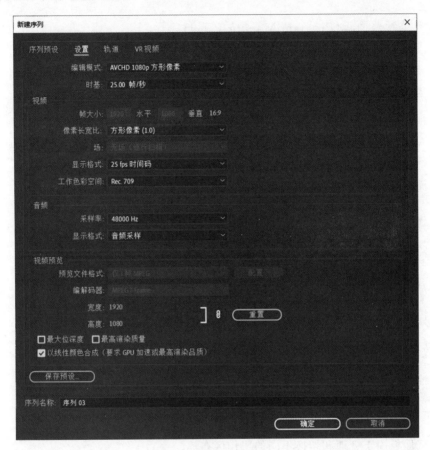

图 6-4 设置序列方法二

(三)主要面板介绍

1.项目面板(Project Panel)

项目面板用于管理所有的素材文件,包括视频、音频、图片等。

2.媒体浏览器(Media Browser)

媒体浏览器用于浏览计算机中的文件夹和文件,可以将文件导入项目面板中。

3.时间轴面板(Timeline Panel)

时间轴面板用于编辑视频和音频的时间轴,进行包括添加、删除、剪切、调整素材等在内的操作。

4. 预览面板(Program Monitor)

预览面板用于预览当前正在编辑的视频或音频素材。

5. 节目监视器面板(Program Monitor Panel)

节目监视器面板用于预览项目作品。

6. 源监视器面板(Source Monitor)

源监视器面板用于预览项目面板中选中的素材文件。

7. 标记面板(Markers Panel)

标记面板用于添加和管理时间轴上的标记,方便快速定位和编辑。

8. 资源监视器面板(Audio Meter)

资源监视器面板用于显示音频素材的音量大小和波形图。

9. 播放控制面板(Playback Controls)

播放控制面板用于控制视频的播放、暂停、快进、倒放等操作。

10. 效果控制面板(Effect Controls)

效果控制面板用于添加和调整视频和音频的效果,如颜色校正、特效、转场等。

11. 工作区面板(Workspace)

工作区面板用于管理和切换不同的工作区布局。

(四)导入素材

1. 双击法

双击项目面板的空白处,可以快速打开使用过的素材存放的文件夹。选择素材时可以单选,也可按住"Shift"键快速多选,将素材导入 Pr 中。

2. 单击法

在项目面板的空白处单击鼠标右键,在弹出的快捷菜单中选择"导入"命令,即可打开存放素材的文件夹,单选或同时多选素材,即可导入素材。

3. 拖拽法

利用媒体浏览器找到素材存放的文件夹,将想要剪辑的素材直接拖到项目面板中。

(五)整理素材

整理素材是剪辑工作开始之前的关键步骤,一般来说,好的视频都会有许多素材,在导入素材后,可以根据需要将不同场景、不同演员、不同类型的素材进行分类整理,这样能够加快剪辑速度,提高工作效率。

(1)使用素材箱整理素材

在需要使用较多的素材时,用户可以在项目面板的空白处单击鼠标右键,在弹出的快捷菜单中选择"新建素材箱"命令,创建新素材箱(即素材文件夹)并设置不同的名称,将不同内容的素材分类整理到素材箱中,如图 6-5 所示。

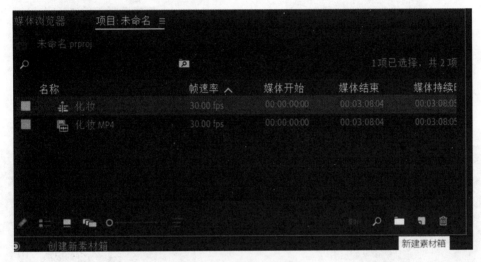

图 6-5 创建新素材箱

(2)使用标签整理素材

用户在项目面板中可以更改标签颜色的选项,通过颜色快速识别素材类型。首先,在项目面板中选定素材,然后点击鼠标右键,在弹出的快捷菜单中执行"标签"命令,在其子菜单上可以为同一类的素材添加特定的颜色标签,如图 6-6 所示。当素材被贴上不同颜色的标签时,素材在时间轴上呈现的颜色也会随之改变。用户可以在时间轴面板的序列上通过颜色迅速找到某一类型的素材。

如果素材轨道太窄,可以将鼠标置于素材之间交接的圆圈处,鼠标会变成上下箭头指示的图形,此时按住鼠标左键不放,向上拖动鼠标可以将轨道变宽,向下拖动鼠标则可以使轨道变窄,随后通过调整时间轴轨道的高度找到这一类型的素材,如图 6-7 所示。

如果用户已经为不同类型的素材设置了不同的颜色标签,但时间轴面板上并没有出现该颜色,则需要执行"文件"—"项目设置"—"常规",在弹出的"项目设置"对话框中勾选"针对所有实例显示项目项的名称和标签颜色"复选框,单击"确定"按钮,时间轴上素材的颜色即会发生相应的变化。

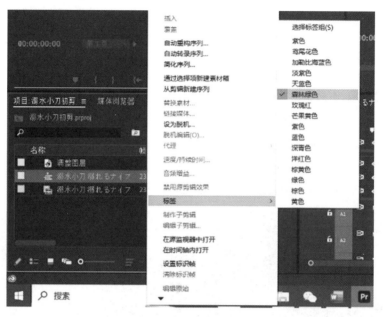

图 6-6　给素材贴上标签

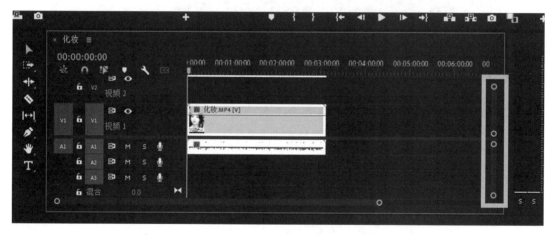

图 6-7　调整时间轴轨道高度

(六)短视频片段的剪辑与调整

1.使用标记、出点和入点

(1)使用标记

用户对素材进行分类整理后,就可以开始剪辑视频了。

用户在时间轴面板上修改素材的出点和入点,可以改变素材输出后的持续时间。标记就是设置时间轴或素材上特定的时间点,也可以看作标记某个具体的帧。不同时间点可以设置成不同的颜色,以快速区分素材。下面简要介绍标记的添加、调整和删除的方法。

在节目监视器面板中播放素材,当播放到想要标记的位置时,单击"添加标记"按钮,即可添加标记,如图 6-8 所示。

图 6-8 节目监视器面板中添加标记

在时间轴面板中双击素材,使其在源监视器面板中打开,此时,已经添加的标记也会显示在源监视器面板中,如图 6-9 所示。此时,可以拖动标记以调整标记的位置,也可以用鼠标右键单击标记,在弹出的快捷菜单中选择"清除所选标记"命令,删除标记。

图 6-9 源监视器面板显示

（2）使用出点和入点

为了精确细致地进行剪辑,剪辑工作中还需要频繁标记出点和入点。首先,我们介绍标记出点和入点的方法。通常情况下,用户在源监视器面板和节目监视器面板中标记出点和入点。

在源监视器面板和节目监视器面板中,可以执行"标记"—"标记入点"/"标记出点"来完成对入点或出点的标记,也可以通过标记入点的"{"和标记出点的"}"来完成标记,如图6-10所示。

图 6-10　标记入点/出点

值得一提的是,在源监视器面板中标记出点和入点与在节目监视器面板中标记出点和入点的作用并不相同。在源监视器面板中标记出点和入点,相当于定义了操作的区间,换句话说,设置的标记是打在素材上的。在源监视器面板中标记出点和入点后,再把素材拖到时间轴面板上,可操作的就不是整个素材而是选取的区段;同时,节目监视器面板中可预览的视频内容也是选取的区段。

在节目监视器面板中标记出点和入点,是打在时间轴上的,用户在时间轴中移动素材时,出点和入点不会移动(见图6-11)。例如,在5秒处标记了入点,在15秒处标记了出点,那么不管是移动、插入还是删除素材,入点和出点依然是在5秒和15秒的位置。

之后,我们来介绍出点和入点的修改方法。在时间轴面板中,单击工具面板的"选择工具",将光标移到时间轴面板中素材的左边缘,也就是入点,当"选择工具"变成一个大括号中向右指示的图标时,单击并按住鼠标左键向右拖动鼠标至用户最终想要作为入点的地方,时间码读数会显示在该素材的下方,松开鼠标左键,即成功在时间轴面板重新设置入点。出点的修改操作方式与入点类似。

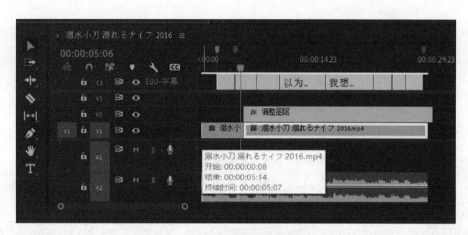

图 6-11 节目监视器面板选中的片段

2. 三点编辑与四点编辑

三点编辑是指在源监视器面板和时间轴面板中共同指定三个点,以确定素材的长度和插入的位置。这三个点可以是新素材的入点、出点和时间轴的入点、出点这四个点中的任意三个。

四点编辑是指在一段需要剪辑的视频素材内插入或替换(即覆盖功能)一段新素材,需要涉及四个点:时间轴的入点和出点、新素材的入点和出点。这四个点都是由短视频创作者自己设定的。

三点编辑与四点编辑是常用的视频编辑方法,具体操作示例如下。

(1)三点编辑

以时间轴的入点以及新素材的入点、出点为例,通过以下几个步骤实现三点编辑操作。三点编辑操作界面如图 6-12 所示。

第一步,在项目面板中导入两段视频素材,将其中的一段需要进行剪辑的素材拖到时间轴上,将另外一段素材作为要插入的新素材。

第二步,播放节目监视器面板中需要剪辑的素材,在需要被修改的位置,标记入点。

第三步,双击项目面板中的新素材,在源监视器面板里播放需要插入的新素材,并且挑选出需要的片段,分别标记入点和出点。

第四步,单击源监视器面板下方的功能按钮"插入"或"覆盖"。插入是在不改变时间轴上素材内容的情况下,加入其中播放;而覆盖是直接将时间轴上素材内容进行替换后播放。

随后,在时间轴上可以看到源监视器面板中所选择的内容区间已经插入基础素材中或替换掉了标记过的部分基础素材。

如果操作失误,用户可以在面板中单击鼠标右键,选择"清除入点和出点"。

(2)四点编辑

四点编辑是用户在源监视器面板中标记新素材的入点和出点,以及时间轴的入点和出点,随后对两段素材进行整合编辑(即插入或者覆盖)。下面介绍四点编辑的操作步骤。

图 6-12　三点编辑界面

第一步,在项目面板中导入两段视频素材,将其中的一段需要进行剪辑的素材拖到时间轴上,将另外一段素材作为要插入的新素材。

第二步,播放节目监视器面板中需要剪辑的素材,在需要被修改的位置,分别标记入点和出点。

第三步,双击项目面板中的新素材,在源监视器面板里播放需要插入的新素材,并且挑选出需要的片段,分别标记入点和出点。

第四步,单击源监视器面板下方的功能按钮"插入"或"覆盖"。上述两段所标记的区间时间相等是比较理想的状态,但是实际剪辑中两组出入点所标记的素材区间的时间长度通常不一样,例如源监视器面板中新素材标记的入点和出点选中的内容是 2 秒,而节目监视器面板标记的入点和出点选中的内容是 3 秒,如果此时单击源监视器面板中的"插入"或"覆盖"按钮,就会弹出一个"适合剪辑"对话框,如图 6-13 所示。这时,短视频创作者就需要在这个对话框中进行相应的设置,以适配入点和出点之间的长度。

勾选"更改剪辑速度(适合填充)"选项时,若源监视器面板素材内容长度比节目监视器面板内选中的基础素材短,例如,要将 3 秒的素材内容插入或者覆盖 6 秒的素材时间里,那么,3 秒的素材内容播放速度会变慢成 6 秒;如果要将 6 秒的新素材内容插入或者覆盖 3 秒的素材时间里,则 6 秒的新素材内容会以 2 倍速压缩至 3 秒播放结束。

图 6-13 "适合剪辑"对话框

勾选"忽略源入点"或"忽略源出点"时,不会改变素材内容的播放速度,而是忽略源监视器面板素材内容的出点或入点后插入或者覆盖基础素材。

勾选"忽略序列入点"或"忽略序列出点",同样不会改变素材内容的播放速度,而是忽略节目监视器面板素材内容的出点或入点后插入或者覆盖基础素材。

(七)Pr 转场效果添加

1.添加转场效果

(1)普通添加法

第一步,用户打开 Pr 将视频素材拖到时间轴面板上,选择一个视频过渡素材库,如图 6-14 所示。

图 6-14 视频过渡素材库

第二步,在效果控制面板中,视频过渡文件夹中的效果都可以用于添加转场效果,用户可以根据实际情况任意选择其中一个,然后将该转场效果拖拽至两个素材的连接处。此时,时间轴上出现了小黄框,代表该转场效果添加成功,如图 6-15 所示。

图 6-15　添加转场效果

（2）快捷添加法

如果不追求转场效果的多样性,用户可以直接将游标移到两个素材中间,使用快捷键"Ctrl＋D"添加默认样式的转场效果。

2.编辑转场效果

用户在添加转场效果以后,可以用鼠标单击时间轴上转场效果对应的方框,可以看到"效果控件"面板中出现了编辑界面,在此可以进一步调整转场的持续时间、改变转场的起止时间等,如图 6-16 所示。

图 6-16　编辑转场效果

(八)视频调速

在短视频制作中,对视频进行加速或减速是常用的表现手法。在 Pr 中设置视频调速可以通过波纹编辑工具、滚动编辑工具和比率拉伸工具进行操作,如图 6-17 所示。

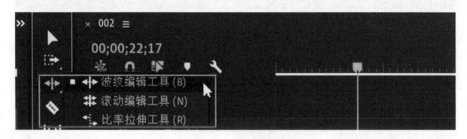

图 6-17　Pr 中的调速工具

1. 波纹编辑工具

波纹编辑工具的快捷键是"B",使用此工具拖动素材的入点和出点,可改变素材的持续时间,但相邻的持续时间不变,即被调整素材与相邻素材的间隔时间不变,改变素材长度后旁边的素材会自动移动以适应,如图 6-18 和图 6-19 所示。

图 6-18　波纹编辑工具操作界面(1)

图 6-19 波纹编辑工具操作界面(2)

2. 滚动编辑工具

滚动编辑工具的快捷键是"N",使用此工具时整段视频的持续时间不变,所以调整一个素材的时间长度,其相邻视频的时间长度也会跟着变化(即缩短一个素材的时间的同时就会拉长相邻素材的时间),适合精细调整剪切点,如图 6-20 和图 6-21 所示。

值得注意的是,如果前一段视频的出点和后一段视频的入点是重合在一起的,中间没有间隙,滚动编辑工具在这个衔接处是使用不了的,所以在使用滚动编辑工具时,一定要在两段视频之间留有空间。

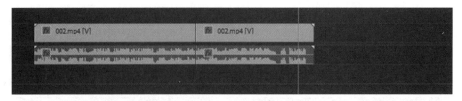

图 6-20　滚动编辑工具操作界面(1)

图 6-21　滚动编辑工具操作界面(2)

3.比率拉伸工具

比率拉伸工具的快捷键是"R",用户使用此工具对视频条进行拉伸可以改变视频的播放速度。用户还可以用鼠标右键单击视频剪辑左上方的 fx 按钮,在弹出的快捷菜单中选择"时间重映射"—"速度"命令,如图 6-22 所示,将轨道上的关键帧控件更改为速度控件。

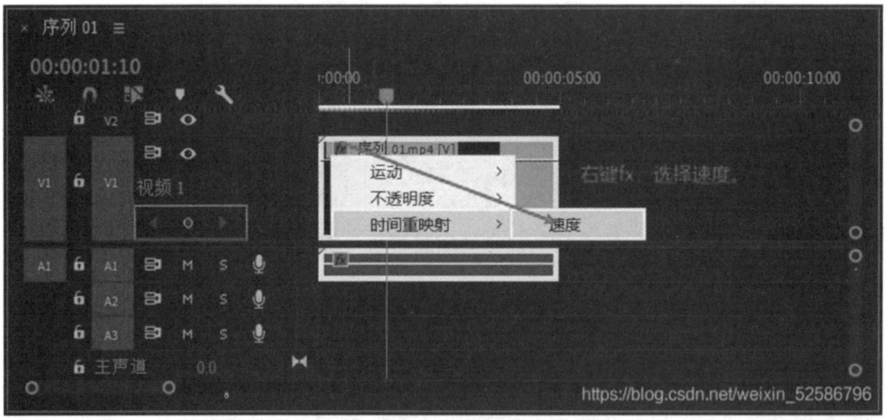

图 6-22　比率拉伸工具

此外,用户还可以通过设置关键帧,使一段素材有多种速度变化,以下是操作方法。

用户在按住"Ctrl"键的同时用鼠标单击关键帧线,即可添加关键帧。向上或向下拖动关键帧线,即可进行加速或减速设置,如图 6-23 所示。继续添加关键帧并进行调速设置,按住"Alt"键的同时拖动关键帧,可以移动关键帧的位置。采用同样的方法,用户可以在序列中继续添加其他视频素材,并进行播放速度调整。

思考与练习

选择自己的一些电子照片,导入 Pr 软件,制作时长为 1 分钟左右的电子相册。

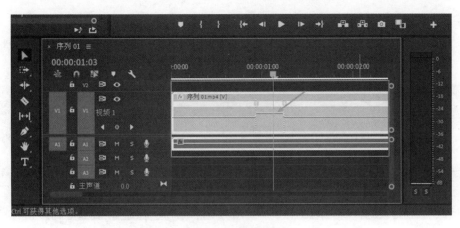

图 6-23　关键帧调速

第二节　Premiere Pro 进阶提高

一、添加字幕

新建字幕的操作步骤如下。

第一步，新建开放式字幕。在项目面板空白处单击鼠标右键，在弹出的快捷菜单中选择"新建项目"—"字幕"，即可弹出"新建字幕"对话框。在此对话框的"标准"选项中选择"开放式字幕"，如图 6-24 所示，其他参数保持默认数值不变（Pr 系统会根据序列自动匹配分辨率和帧速率）。单击"确定"按钮，项目面板中就会出现开放式字幕文件。

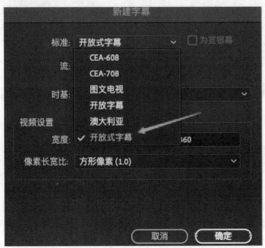

图 6-24　新建开放式字幕

第二步，导入字幕并调整字幕在时间轴上的长度。将项目面板中的开放式字幕文件拖至时间轴面板中的 V2 轨道上，将时间轴上的字幕文件的长度调整至与视频素材长度一致，如图 6-25 所示。

图 6-25　开放式字幕时长调整

第三步，添加字幕文本并调整文本。双击时间轴上的字幕文件，Pr 的工作界面就会出现字幕面板。在字幕面板中可以添加字幕文本，并对文本的字体、颜色、背景色、位置、对齐方式以及字幕样式、字幕的持续时间、文本内容等进行调整，如图 6-26 所示。单击"＋"框，可以再增加一段字幕；单击"－"框，则是删除一段字幕。

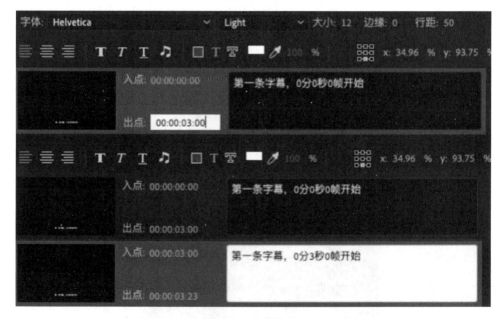

图 6-26　字幕设置

（一）新建旧版标题

新建旧版标题的操作步骤如下。

第一步，创建字幕。鼠标点击"文件"—"新建"—"旧版标题"，弹出"新建字幕"对话框，自定义字幕的"名称"，单击"确定"按钮，如图 6-27 和图 6-28 所示，即可创建字幕。

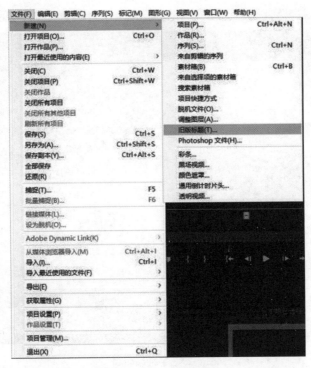

图 6-27 新建旧版标题(1)

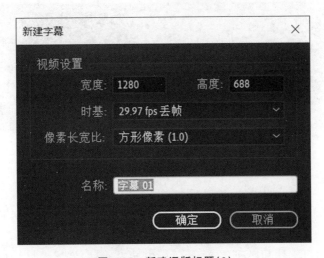

图 6-28 新建旧版标题(2)

第二步,添加文字及调整文字样式。在"字幕"编辑窗口,选择左侧工具栏中的文字工具/垂直文字工具,即可在画面中输入需要添加的文字内容。在工作界面四周的面板上,可以调整文字的字体、大小、位置、颜色、对齐方式等,如图 6-29 所示。

第三步,将字幕文件加入视频轨道。退出字幕编辑窗口,将字幕文件拖拽至时间轴面板中的 V2 轨道上,然后按住"Alt"键,选中 V2 轨道上的字幕文件并将其拖拽至 V3 轨道上,即可复制该字幕文件,如图 6-30 所示。

图 6-29　字幕编辑窗口

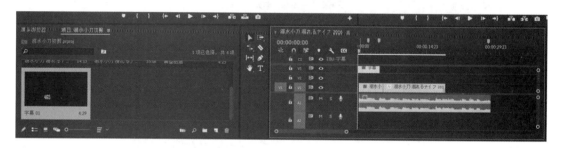

图 6-30　将字幕文件加入视频轨道

(二)滚动字幕

在 Pr 中,用户不仅可以创建由下向上进行滚动的字幕,还可以根据需要设置字幕是否开始或结束于屏幕外。具体的操作步骤如下。

第一步,新建项目文件和序列,在项目面板中导入素材,将该素材添加到时间轴面板的视频轨道中。

第二步,选择"文件"—"新建"—"旧版标题"命令,在打开的"新建字幕"对话框中命名字幕并单击"确定"按钮。

第三步,在打开的字幕设计面板中单击显示背景视频图标,在字幕设计面板的绘图区显示视频素材,如图 6-31 所示。

第四步,在字幕设计面板的绘图区创建文字内容,并在"旧版标题属性"中设置文字的字体和颜色等,如图 6-32 所示。

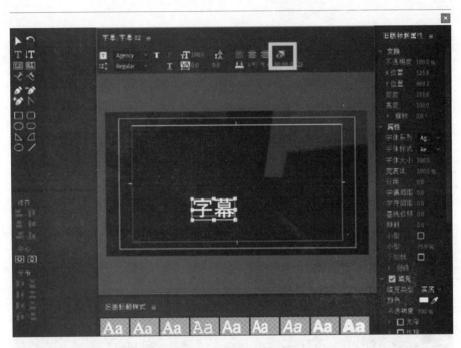

图 6-31 字幕设计面板

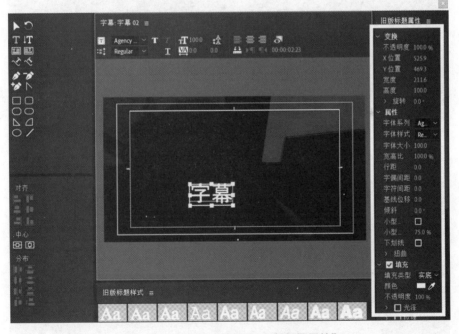

图 6-32 字幕设计面板的"旧版标题属性"

第五步,在字幕设计面板中单击"滚动/游动选项"按钮,打开"滚动/游动选项"对话框,然后选中"滚动"单选按钮,再选中"开始于屏幕外"和"结束于屏幕外"复选框,并单击"确定"按钮,如图 6-33 所示。

图 6-33　字幕滚动设置

第六步,关闭字幕设计面板,创建的字幕对象将生成在项目面板中,如图 6-34 所示。

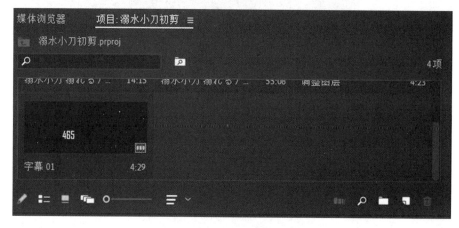

图 6-34　字幕在项目面板中生成

第七步,将创建的字幕对象拖动到时间轴面板的 V2 轨道中,如图 6-35 所示。

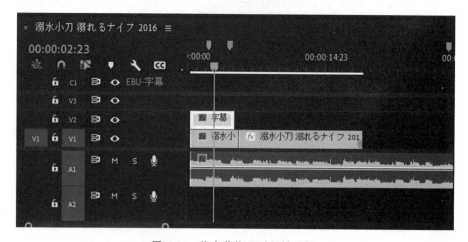

图 6-35　将字幕拖至时间轴面板

在节目监视器面板中单击"播放-停止切换（空格键）"按钮播放影片,可以预览字幕的滚动效果。

(三)应用预设字幕和图形

第一步,用鼠标单击菜单栏"窗口"中的"基本图形"命令,打开基本图形面板,如图 6-36 所示。

图 6-36　基本图形面板

第二步,在基本图形面板中将预设的字幕拖入时间轴面板的视频轨道中,如图 6-37 所示。

第三步,拖动时间轴面板中的当前指示器,显示预设图形的文字内容,如图 6-38 所示。

第四步,选择面板中的文字工具,再选择预设图形中的文字,然后重新输入文字,对文字内容进行设置和修改,如图 6-39 所示。

第五步,在节目监视器面板中单击"播放-停止切换"按钮,可以预览预设字幕的影片效果。

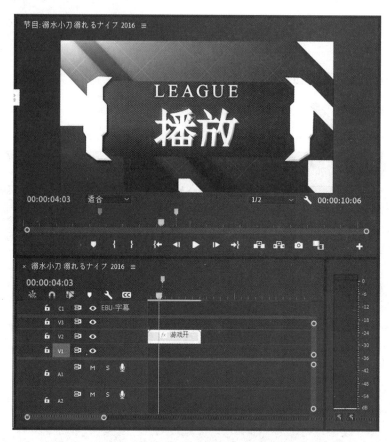

图 6-37 将预设的字幕拖入时间轴面板

图 6-38 字幕预设设置

图 6-39　字幕文字设置

(四)修改字幕的持续时间

在默认情况下,创建的字幕持续时间为 3 秒,用户可以根据实际需要修改字幕的持续时间。修改字幕的持续时间有如下两种方法。

第一种方法是,在时间轴面板中选择字幕对象,然后在菜单栏单击选择"剪辑"—"速度/持续时间"命令,打开"剪辑速度/持续时间"对话框,即可修改字幕的持续时间,如图 6-40 所示。

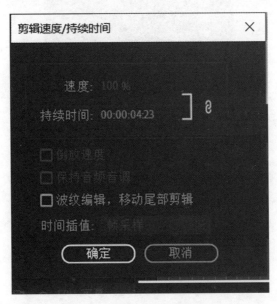

图 6-40　修改字幕的持续时间

第二种方法是,在时间轴面板中拖动字幕对象的出点,向左拖动可以减少字幕的持续时间,向右拖动可以增加字幕的持续时间。

思考与练习

选取一段网络新闻视频,为其添加同期声字幕及片尾人名滚动字幕。

二、为短视频调色

在 Pr 中,传统的调色控件主要在效果面板里的"颜色校正"组中,如图 6-41 所示。

图 6-41　调色窗口

　　用户使用 Lumetri 颜色面板不仅可以修正视频画面的颜色,还可以对视频画面进行创意调色,进而实现专业级的视频效果。

　　Lumetri 颜色面板中的调色功能丰富,主要包括基本校正、创意、曲线、色轮和匹配、HSL 辅助、晕影等功能模块,每个模块侧重于调色工作流程的特定任务。在使用 Lumetri 颜色面板对视频画面进行调色时,通常还需要使用 Lumetri 范围面板进行辅助调色。

　　使用 Lumetri 颜色面板和 Lumetri 范围面板进行调色的具体操作方法如下。

(一)打开 Lumetri 颜色面板和 Lumetri 范围面板

　　如果常用工作区自定义了 Lumetri 颜色面板和 Lumetri 范围面板,用户可以直接在这两个面板中进行调色。如果常用工作区没有开启这两个面板,用户可以单击工具栏中的"颜色",Lumetri 颜色面板(图片右框)和 Lumetri 范围面板(图片左框)则会同时开启,如图 6-42 所示。

图 6-42　Lumetri 颜色面板和 Lumetri 范围面板

　　用户要想单独打开 Lumetri 范围面板,可以在菜单栏中选择"窗口",勾选"Lumetri 范围"即可。Lumetri 范围面板打开后,会将对当前视频画面亮度和色度的不同分析显示为波形,从而帮助用户准确地评估剪辑,进行颜色校正。

(二)打开分量图

　　在调色工作中,用户还需要打开 Lumetri 范围面板中的分量图。

　　在打开分量图之前,Lumetri 范围面板显示的是波形图。波形图是红、绿、蓝三个通道叠加在一起显示的,有时不容易分辨。这时就需要打开分量图,即红、绿、蓝三种颜色的分量图,来查看画面的偏色情况。

打开分量图的方法是,在 Lumetri 范围面板内单击鼠标右键,在弹出的快捷菜单中选择"分量(RGB)"命令(见图 6-43),该面板中将显示分量颜色信息(见图 6-44)。

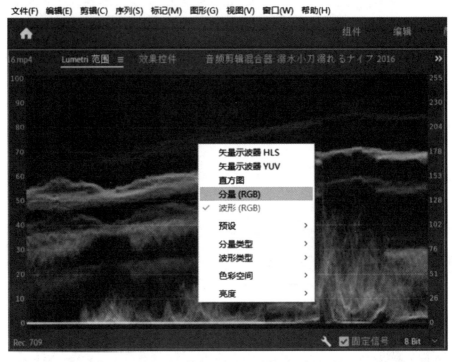

图 6-43　打开分量图

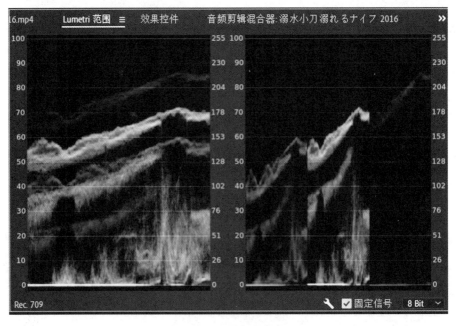

图 6-44　分量颜色信息

(三)调色

1. 一级调色

一级调色即用户通过 Lumetri 颜色面板的基本校正调整白平衡和色调,将画面的整体颜色校正到正常水准。用户使用基本校正中的控件,可以修正过暗或过亮的视频,在剪辑中调整色相(颜色或色度)和明亮度(曝光度、对比度)。

用户在进行一级调色时,先将播放指示器置于所需剪辑的视频素材上,然后使用效果控件中的"基本校正"进行颜色调整,如图 6-45 所示。

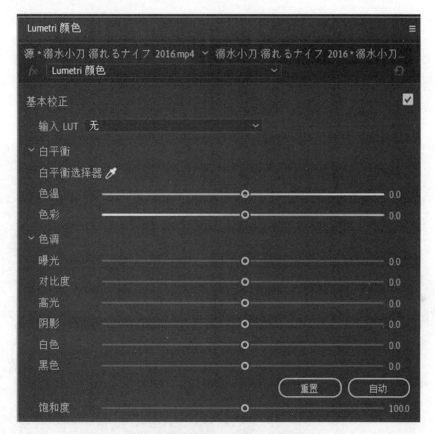

图 6-45　"基本校正"中颜色调整参数

"基本校正"中一些参数的调整原理如下。

① 白平衡。视频的白平衡反映拍摄视频时的采光条件。调整白平衡可有效地改进视频的环境色。白平衡有色温和色彩两个调色参数。在整体画面存在偏色问题时,可以利用互补色理论来进行调整,即想要减少画面中的某种颜色时,就在色彩中增加它的互补色;或者,当画面颜色比较平衡时,为了实现某种风格,可以故意让画面偏向某一种颜色,例如,想要让画面呈现暖色调,可以将色温向橙色方向调整;想要让画面呈现冷色调,可以将色温向蓝色方向调整。

② 曝光。调整曝光即对画面的整体亮度进行调整,或者升高,或者降低。

③ 对比度。对比度会影响画面的层次感和细节,对比度越大,画面的层次感越强,细节越突出,画面越清晰。

④ 高光和白色。这两者都用于调整画面亮度部分,它们的不同之处在于,高光增加亮度的幅度相对较小,增加亮度时能保留阴影部分的细节,而白色增加亮度的幅度相对较大,增加亮度时不保留阴影部分的细节。

⑤ 阴影和黑色。这两者都用于调整画面的暗部部分,它们的不同之处在于,阴影增加暗部的幅度相对较小,且会影响到画面的亮部,而黑色增加暗部的幅度相对较大,且基本不影响画面的亮部。

2. 风格化调色

用户在完成一级调色后,就可以按照艺术表达的需要对视频进行风格化调色。在 Lumetri 颜色面板中调节以下内容,可以实现风格化调色。

首先,用户执行"创意"部分的相关命令,可以轻松通过 Lumetri Looks 以及调整自然饱和度和饱和度等参数,扩展创意范围,如图 6-46 所示。

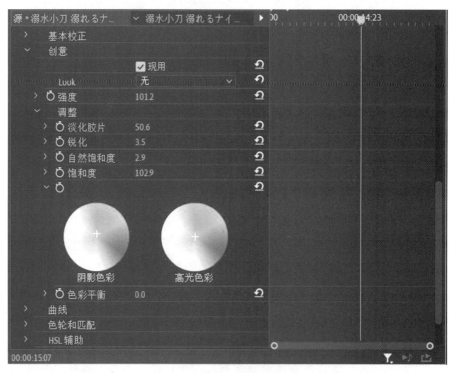

图 6-46　创意调色

用户可以利用"曲线"中的"RGB 曲线"调整画面的亮度和色调范围。调整时,单击"曲线"可以添加调节锚点,按住"Ctrl"键的同时单击锚点,可以将其删除,如图 6-47 所示。

其次,用户在"曲线"中展开"色相饱和度曲线"选项,可以根据需要调整"色相与饱和度""色相与色相""色相与亮度"等曲线,如图 6-48 所示。

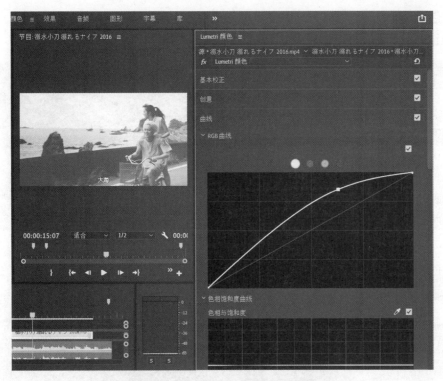

图 6-47 "RGB 曲线"中的锚点调整

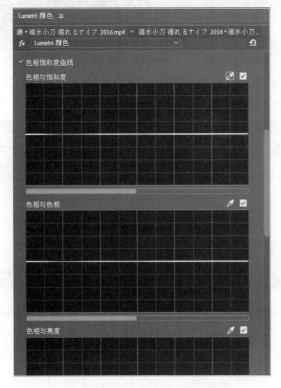

图 6-48 色相饱和度曲线调整

① 色相与饱和度：选择色相（即色彩所呈现的质地属性，使得人们能够将光谱上的不同部分进行区分）范围，并调整其饱和度水平，如图 6-49 所示。

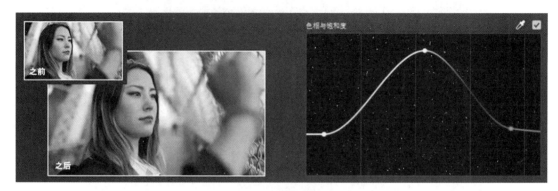

图 6-49　色相与饱和度

② 色相与色相：选择色相范围并将其更改至另一色相，如图 6-50 所示。

图 6-50　色相与色相

③ 色相与亮度：选择色相范围并调整其亮度，如图 6-51 所示。

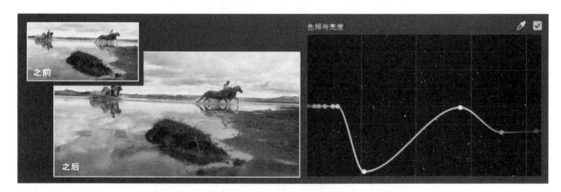

图 6-51　色相与亮度

最后，用户在"色轮和匹配"选项中可以调整"阴影""中间调"和"高光"的颜色。每种颜色的色轮都包含色环和滑块两部分，其中，色环控制画面中的色相，滑块控制画面中颜色的明暗，如图 6-52 所示。

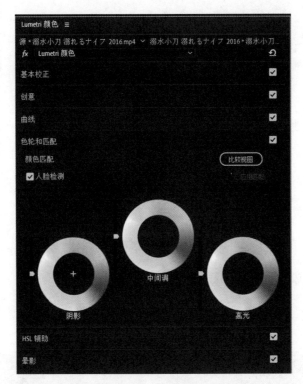

图 6-52　调整"阴影""中间调"和"高光"

3. 保存调色预设

调色结束后,用户可以在 Lumetri 颜色面板的面板名称处单击鼠标右键,在弹出的快捷菜单中选择"保存预设"命令,在弹出的对话框中输入名称,然后单击"确定"按钮,如图 6-53所示。

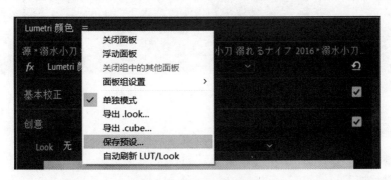

图 6-53　保存调色预设

4. 查看或应用调色预设

打开效果面板,在"预设"选项下即可查看保存的调色预设。

在时间轴面板中导入新的视频素材,在效果面板中将"预设"选项里保存的调色预设直接拖至视频素材即可应用。

思考与练习

利用 Pr 自带的调色功能,为自己用手机拍摄的一段视频画面调色。

三、短视频音频编辑

声音也是视频的重要组成部分。在 Pr 中,用户也可以对各种音频进行剪辑,使短视频作品更加出彩。编辑音频的基本操作如下。

(一)添加音频素材

在项目面板中双击空白处,即可打开音频素材所在的文件夹,导入音频素材。

(二)将音频素材拖到时间轴面板上

将项目面板的音频素材拖到时间轴面板上,音频素材就会显示在时间轴面板的 A1 轨道上,如图 6-54 所示。

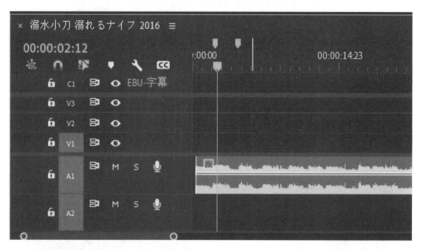

图 6-54　将音频素材拖到时间轴面板

(三)拉高音频轨道

在时间轴面板中,将鼠标指针放置在“A1”和“A2”之间的分割线上,即可拉高 A1 轨道,对音频素材进行加工和编辑。

(四)编辑音频

用鼠标右键单击时间轴面板中的音频素材,在弹出的快捷菜单中根据需要对音频进行基本编辑。例如,单击鼠标右键选择“速度/持续时间”命令,如图 6-55 所示,在弹出的“剪辑速度/持续时间”对话框中,更改音频的播放速度。

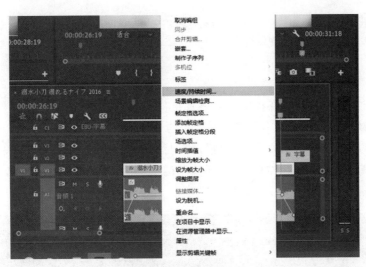

图 6-55 "剪辑速度/持续时间"对话框

(五)音画分离

大部分视频素材自带背景音频。对于这样的素材,我们往往需要将其中的音频和视频分开,从而单独移动视频时间线或者音频时间线。用鼠标右键单击时间轴面板中的视频素材,在弹出的快捷菜单中选择"取消链接"命令,如图 6-56 所示。

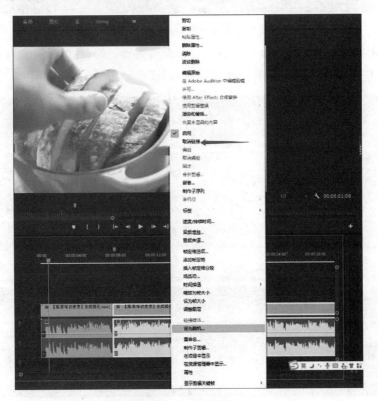

图 6-56 "取消链接"命令

如果在取消链接之后，想恢复链接，按住"Shift"键的同时点击鼠标左键，把音频和视频轨道都选上，单击右键就会出现链接了。

(六)音频的淡入和淡出

在剪辑视频的时候，许多音频素材如果直接使用，会有一种突兀的感觉，这时需要配合视频画面对音频的开头和结尾进行淡入和淡出的处理。

首先，在节目监视器面板中播放音频，找到淡入开始和淡入结束（一般距离开始 3～7 秒）的位置、淡出开始和淡出结束（一般距离结尾 3～7 秒）的位置，进行标记。这样，时间轴面板中即会出现相应的标记显示，如图 6-57 所示。

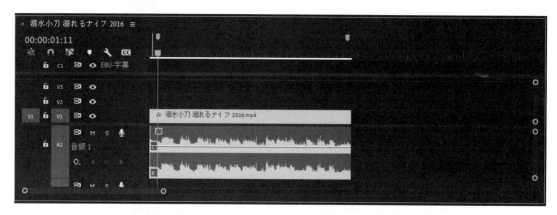

图 6-57　音频中添加淡入和淡出标记

其次，在时间轴面板中拉高音频轨道。将游标移到标记处，在游标与音频时间线的交叉位置，用钢笔工具单击交叉点，即可添加关键帧，如图 6-58 所示。

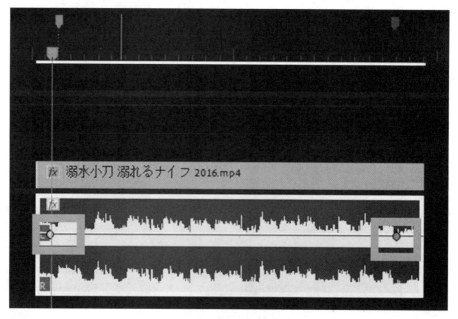

图 6-58　添加关键帧

最后,把淡入开始和淡出结束的两个关键帧向下拉至低处,如图 6-59 所示,即可实现音频的淡入效果和淡出效果。

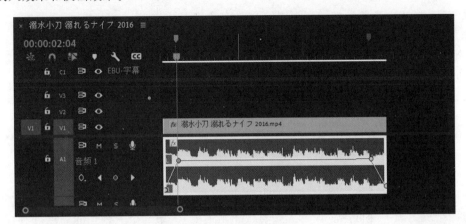

图 6-59 设置淡入和淡出

在音频素材的时间线上,两个关键帧之间的连线高度,即表示一个时间段内的声音大小,因此,用钢笔工具添加关键帧并拉高或拉低关键帧之间的连线,即可调整特定时间段内的音量。

(七)两段音频的无缝衔接

当视频比较长,而背景音频不够长的时候,就需要让两段或者多段音频实现无缝衔接。让两段音频无缝衔接的操作方法有两种。

1. 应用音频过渡效果实现无缝衔接

第一步,在同一轨道上导入两段音频,让两段音频连接在一起。

第二步,选择效果面板的"音频过渡"—"交叉淡化"—"恒定功率",拖拽"恒定功率"效果到两段音频之间的缝隙处,即可实现两段音频的无缝衔接。

之后,用户可以在节目监视器面板中试听两段音频的过渡效果。如果感觉效果不理想,可以用鼠标右键单击音频轨道上的"恒定功率",在弹出的快捷菜单中选择"设置过渡持续时间"命令,在"设置过渡持续时间"对话框中通过调整过渡时间来改变过渡效果,如图 6-60所示。

图 6-60 效果面板的"设置过渡持续时间"界面

除了"恒定功率"外,"交叉淡化"选项下的"恒定增益"和"指数淡化"也是比较好用的音频过渡效果,短视频创作者可以按需选择。

2.在不同的音频轨道上实现无缝衔接

第一步,将两段音频素材导入不同的音频轨道。

第二步,调整第二段音频素材的位置,将它移动到第一段音频素材的尾部,使两段音频素材前后有所交叉,如图 6-61 所示。

图 6-61　调整音频

在两段音频素材交叉处的起始位置,用钢笔工具分别添加关键帧。此时,每条音频轨道上都有两个关键帧。降低第一段音频素材(A1 轨道上)上第二个关键帧的高度,同时降低第二段音频素材(A2 轨道上)上第一个关键帧的高度,让两段音频分别实现淡出和淡入效果,即可实现两段音频的无缝衔接,如图 6-62 所示。

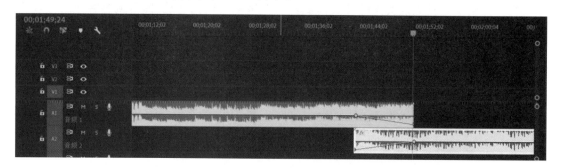

图 6-62　调整关键帧

四、导出短视频文件

在 Pr 中完成短视频的编辑后,最后一步就是将短视频文件导出。我们可以导出完整的视频、音频,也可以导出视频片段或裁剪短视频,还可以按需设置视频格式、比特率等参数。

(一)导出完整的短视频

导出完整的短视频操作步骤如下。

第一步,短视频编辑完成后,在时间轴面板选择需要导出的序列,按住"Shift"键的同时,选中所有序列,用鼠标右键单击序列,在弹出的快捷菜单中选择"编组"命令,如图 6-63 所示。编组后,所有序列成为一个整体。

用户也可以单击"文件"—"导出"—"媒体"命令,打开"导出设置"对话框。在"源范围"下拉按钮,选择要导出的内容为"整个剪辑",如图 6-64 所示。

第二步,在时间轴面板选中序列,按"Ctrl+M"快捷键打开"导出设置"对话框,或者执行"文件"—"导出"—"媒体",打开"导出设置"对话框。"导出设置"对话框如图 6-65 所示。

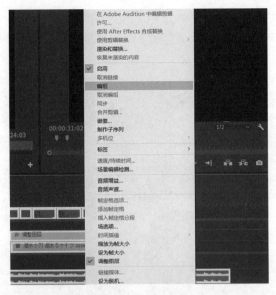

图 6-63 "编组"命令

图 6-64 导出剪辑

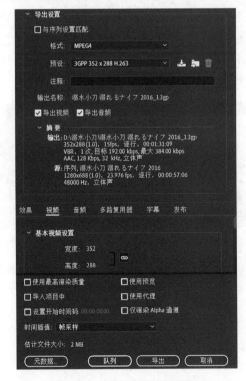

图 6-65 "导出设置"对话框

第三步,在"导出设置"对话框中,进行以下几项设置。

首先,设置导出格式。在"导出设置"的"格式"选项中,下拉列表框,选择"H.264"选项(即 MP4 格式),如图 6-66 所示。

图 6-66　导出格式设置

其次,设置存储位置和文件名。单击"输出名称"选择右侧的文件名超链接,在弹出的"另存为"对话框中选择短视频的保存位置,并输入文件名,然后单击"保存"按钮。

最后,设置比特率和确定导出。返回"导出设置"对话框,选择"视频"选项卡,在"比特率设置"中滑动滑块,调小"目标比特率(Kbps)"数值,对短视频进行压缩,以压缩短视频的大小,如图 6-67 所示;单击"导出"按钮,即可导出短视频。

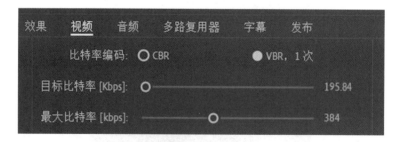

图 6-67　设置比特率

如果不想导出音频,在"导出设置"中取消勾选"导出音频"复选框,如图 6-68 所示。

(二)导出音频

第一步,选择"文件"—"导出"—"媒体",打开"导出设置"对话框,在"格式"下拉列表框中选择一种音频格式,如图 6-69 所示。

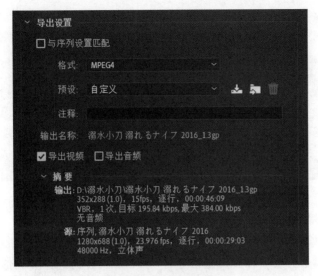

图 6-68　不导出音频

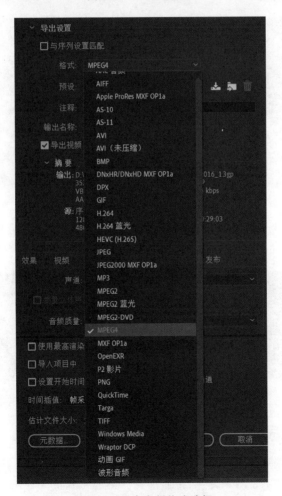

图 6-69　导出音频格式选择

第二步,设置储存文件的名称和路径。

第三步,在"音频编解码器"下拉列表框中选择需要的解码器,如图 6-70 所示。

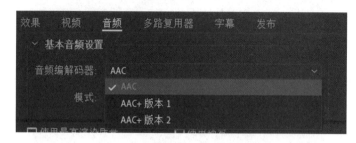

图 6-70 "音频编解码器"界面

第四步,在"采样率"下拉列表框中选择需要的音频采样率,如图 6-71 所示。音频采样率是指录音设备在单位时间内对模拟信号采样的多少,采样频率越高,机械波的波形就越真实自然。采样频率高,虽然声音数据质量好,但是带来的数据量也会成倍增加,对数据的储存和处理会提出更高的要求。

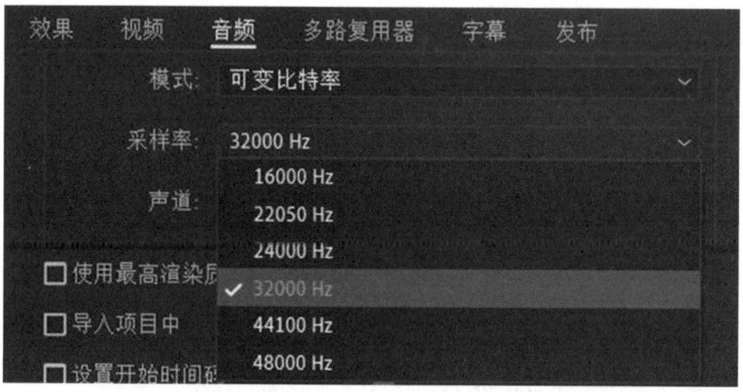

图 6-71 设置采样率

第五步,在"声道"选项中,选择"单声道"或者"立体声"模式,然后单击"导出"按钮,即可将项目文件导出(见图 6-72)。

图 6-72 声道设置

(三)导出短视频片段

如果要导出短视频片段,用户要先选取短视频片段,在节目监视器面板中为短视频片段标记入点和出点,如图 6-73 所示,然后按照前边介绍的步骤进入导出设置。

图 6-73　标记入点和出点

(四)导出裁剪短视频

导出裁剪短视频,即在"导出设置"对话框中对短视频进行画面裁剪,从而导出画面范围更小的短视频。具体操作方法如下。

第一步,在时间轴面板中选中序列,按"Ctrl+M"快捷键打开"导出设置"对话框。

第二步,在对话框左上角切换到"源"界面,单击"裁剪输出视频"按钮,对短视频画面进行裁剪选择,如图 6-74 所示。裁剪范围选定后,在视频画面下方的"源范围"下拉列表框中选择"序列切入/序列切出"选项,如图 6-75 所示。

图 6-74　裁剪输出视频

图 6-75　序列切入/序列切出

第三步,裁剪设置完成后,在"导出设置"对话框的右侧设置导出"格式""输出名称"以及"视频"选项卡下的"目标比特率",如图 6-76 所示。

图 6-76 视频比特率设置

第四步,设置完成后,单击"导出"按钮,即可导出裁剪的短视频。

思考与练习

在 Pr 软件中,如何利用 Media Encoder 插件导出视频?

本章实训内容

企业宣传片短视频剪辑(时长 3 分钟左右)。

【注意要点】

第一步:研读分镜头脚本,浏览整体视频素材

除了浏览整体的视频素材之外,还需要根据分镜头收集素材,比如相关音乐特效等。

第二步:素材整理

3 分钟宣传片剪辑素材量较大,必须严格按照素材整理规范建立四级文件夹,工程文件以及项目面板文件的建立也要规范统一。

第三步:粗剪与精剪

在粗剪阶段,需要确定宣传片的设计基调,如排版、构图、配色等平面美术工作。在精剪阶段,视频题材、样式、风格以及情节的环境气氛、人物的情绪、情节的跌宕起伏等是企业宣传片节奏的总依据。需要运用组接手段,处理好宣传片中的节奏问题。

第四步:配音以及音效

宣传片制作中选取的音乐应该随着每一段落的情绪节奏而变化;音效的设计可以增加声音空间感;适当剪辑解说词,使宣传片节奏张弛有度。

第五步:包装及特效

包装和特效是宣传片剪辑过程中非常重要的环节,它将视频没有的或拍摄效果不好的地方进行特效制作,能够使视频作品具备强大的视觉冲击力。

第六步：调色

高端宣传片需要进行精准调色，以弥补前期拍摄的不足，也可以在视频中营造某种艺术氛围。

第七步：检查与输出

对视频进行多次检查后，输出成片。

短视频运营技巧 第七章

知识目标

1. 熟悉创作短视频标题的三大准则、七大秘诀。

2. 掌握短视频封面图制作技巧。

3. 了解短视频运营的前期工作,包括短视频的类型、短视频运营平台、短视频运营变现方式。

4. 掌握短视频账户设置、内容与风格定位,以及搭建高效短视频运营团队的方法。

技能目标

1. 能够为不同的短视频账号选择合适的短视频类型。

2. 能够在不同的短视频平台设置符合短视频账号定位的主页。

3. 能够根据客户需求选择不同的变现方式。

4. 能够在多平台发布不同风格的符合平台属性的短视频。

5. 能够利用多种渠道向用户推广短视频。

情感目标

1. 具备多平台短视频分享与推广能力,并在推广过程中体验到乐趣。

2. 熟悉抖音短视频流量分发机制和商品直播运营策略,形成产品竞争意识。

第一节　短视频的发布技巧

一、短视频发布前的优化

俗话说,"题好一半文"。一个好的标题在短视频传播中能够起到抢占先机的作用。"广告教父"大卫·奥格威在其著作《一个广告人的自白》中写道:标题在大部分广告中,都是最重要的元素,能够决定读者会不会看这则广告。[①] 高质量的短视频标题能够在第一时间吸引用户进行观看。

(一)创作短视频标题

1. 创作短视频标题的三大准则

(1)戳中痛点:和用户产生共鸣

不同的社会群体、不同年龄层次的人观看短视频时有着不同的关注点。短视频创作者应该根据自己的目标用户来创作短视频标题,戳中用户的痛点。为此,短视频创作者要在平时多关注网络热点或日常生活中人们常谈论的话题,然后提炼出与之相关的贴切又通俗的词语,引发用户的共鸣。如图 7-1 所示,左边的标题针对的是喜爱经典歌曲的用户,右图的标题针对的则是职场用户。

(2)指明利益:给出解决问题的方法

这种短视频标题明示或者暗示短视频内容中有解决相关问题的方法,能够让用户看完短视频后有所收获。这类类型的标题更加适用于技能教学类型的短视频。如图 7-2 所示,左边的标题用"几千字"和"2 分钟"做对比,右边的标题用"100 种"和"一分钟"做对比,均有视频内容的指向性,能够吸引有相关需求的用户观看。

(3)引发用户好奇心:提出问题,将答案放在短视频中

这类标题提示视频部分的内容,但是将视频的关键点作为一个悬念,将具体答案或内容放在短视频中,吸引用户观看。如图 7-3 所示,"如果家里来了一只一模一样的猫"就是典型的好奇类标题。

---

① ［美］大卫·奥格威. 一个广告人的自白［M］. 林桦,译. 北京:中信出版社,2010.

图 7-1   针对不同用户群体的短视频标题

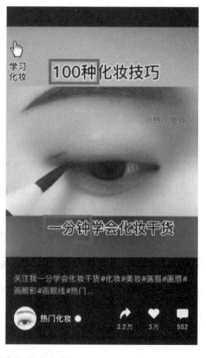

图 7-2   技能教学类短视频标题

图 7-3　引发用户好奇心的短视频标题

2. 创作短视频标题的七大秘诀

（1）使用第二人称

短视频创作者在标题中使用第二人称"你"，可以产生一种交流感，拉近和用户之间的距离，容易让用户产生观看的欲望。

（2）提出问题

问句式的标题更容易激发用户的好奇心，同时加强与用户的互动，拉近与用户的距离。这样的标题通常结合用户较为关注的内容，或者结合与平常认知相悖的内容，往往引起用户在评论区的讨论，如图 7-4 所示。

（3）巧用数字

相较于文字，数字有时更能吸引用户的注意力，而且带数字的标题具有逻辑清晰的特点，会让标题看上去更有说服力。这类标题通常会用一组极端的数字，激发用户的求知欲。图 7-5 的两个标题就属于这种，许多用户会自动把自己带入这 99％的范围，从而点开视频进行观看。

（4）名人效应

在短视频的标题中加入名人的名字，能够有效吸引用户关注短视频内容，并且相较于热点，名人效应更为长久，也容易引发热度和用户讨论，如图 7-6 所示。

图 7-4　问句式短视频标题

图 7-5　巧用数字的短视频标题

图 7-6　利用名人效应的短视频标题

（5）强调固定人群

短视频的内容创作讲究深入垂直领域，当标题明确指出视频内容所针对的固定人群时，能够在很大程度上引起该人群的注意。如图 7-7 所示的"正在经历的人""所有女人"，再如"打工人""干饭人"等，都属于对固定人群的强调。用户在看到这类标题时，会迅速把自己定位其中，并在观看视频后引起共鸣。

（6）结合热点

网络热词是天然的"流量东风"，热点是在一段时间内大家讨论度最高的事情，所以标题结合热点（即俗称的"蹭热点"），就极易引发视频热度，增加浏览量和评论数。这种类型的标题要求视频内容也跟热点相关，可以从多个角度出发，如图 7-8 都是"蹭"的电影《你好，李焕英》的热点，左图视频是从其"配乐"入手，而右边视频讲述的是春节档电影角色的"人物立绘"。

（7）列举时间

在短视频标题里列举时间的类型有以下两种。一种类型是表达时间差，标题中提出的时间与当下跨度大，会让用户生出"怀旧""想象"等情绪，进而对短视频内容产生强烈的好奇心，如图 7-9 所示。这类视频需要内容与标题中的时间高度契合或形成高度反差，以满足用户对短视频内容的高期待。另一种类型是创造紧迫感，通常是对最新的资讯或新闻进行报道，如图 7-10 所示。

图 7-7 强调固定人群的短视频标题

图 7-8 结合热点的短视频标题

图 7-9　列举时间的标题(1)

图 7-10　列举时间的标题(2)

3.创作短视频标题的注意事项

第一,标题要避免生僻字、冷门词,因为用户看到自己不认识的内容可能会直接滑走,不利于短视频播放量的增加。

第二,标题忌低俗,即标题不要含有色情、暴力、低俗的词语。

第三,标题字数不宜过多,一般标题以 15～20 字为宜,字数太多会影响用户观看体验。

第四,标题应尽量避免使用不常见的缩写词语,因为并非所有用户都知道缩写词语的含义,使用缩写词语可能会导致内容的推荐量和点击量降低。

第五,标题要避免使用敏感词,政治敏感词以及其他具有敏感性的词语尽量不去使用。

　　思考与练习

为一个科普类儿童绘本图书短视频创作 5 个不同形式的标题。

(二)短视频封面图制作技巧

短视频封面图又叫"头图",相当于一个文件的"缩略图",是短视频给用户的"第一印象",能够让用户在打开短视频之前,了解短视频的基本信息,也决定了用户是否打开、观看短视频。

1.短视频封面图类型

(1)内容类:概括内容,输出信息

内容类短视频封面图是最直白的一种短视频封面设置形式,其以短视频的画面为背景,添加可以概括内容的文字,清晰地提示短视频的内容,让用户快速了解并判断自己是否对该内容感兴趣(见图 7-11)。

(2)生活类:疑问语气,引发好奇

生活类短视频封面图同样可以将短视频中的画面作为背景,并添加恰当的文字。其重点在于文字的设定,可以利用疑问语气来引发用户的好奇心(见图 7-12)。

(3)故事类:简明扼要,注明问题

一些故事小短片会使用演员的部分剧照配合故事主题设置封面,以抖音博主"三金七七"为例,其以故事的剧照作为封面,吸引用户点击进入后,在视频左下方用简短的一句话概括主题(见图 7-13)。

(4)文艺类:画面唯美,营造意境

文艺类短视频封面图可以不添加文字说明,或者仅仅用一个简单的词语概括。值得注意的是,这类封面图对图片的要求比较严格,需要注重场景选取、画面构图、颜色搭配等(见图 7-14)。

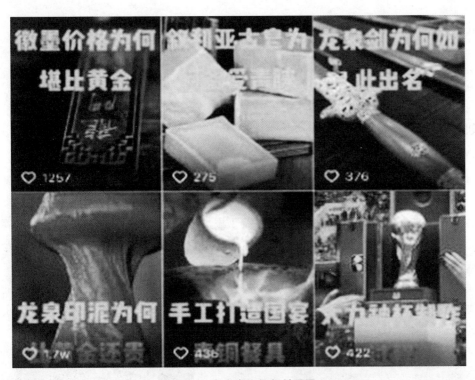

图 7-11　内容类短视频封面图

图 7-12　生活类短视频封面图

图 7-13　故事类短视频封面图

图 7-14　文艺类短视频封面图

2.短视频封面图的制作要求

(1)文字位置

制作短视频封面图时,画面背景发挥着营造氛围的重要作用,因此,在添加文字时要避开背景画面的主体区域,尽量在主体边缘的非重要区域内添加信息,同时注意文字不能被播放按钮、播放时间等要素遮挡。

(2)文字设计

封面标题以单行文字为主,要言简意赅,建议不超过 10 字,字数过多容易造成画面杂乱。

对于不同类型的短视频,短视频创作者需要添加的字体设计也不同,技巧类和内容类短视频的封面图应该使用常规的字体,以简单清晰为主;技术教学类系列短视频应该固定标题的摆放位置,将其设定在封面图的主要区域(见图 7-15)。

而对于非技巧类的短视频,可以根据短视频的风格进行设计,例如,图 7-16 展示的是一位宠物博主制作的封面,画面中的字体为了和账号定位相契合,使用的是比较可爱的字体和鲜艳的色彩。

图 7-15　技术教学类短视频封面标题

图 7-16　可爱类短视频封面标题

(3)颜色搭配

颜色搭配不同的封面能够表达视频的风格、短视频创作者的情绪等,所以在制作封面时应选择适合的颜色搭配,使背景图片与文字造型更加贴合短视频主旨。

① 单色的使用。

常见的颜色单独使用会突出各自的特征，比如在封面中可以大面积采用以下几种颜色体现视频的调性：红色通常表示激情、高亢，常用于热情的场景中；绿色通常代表生命、安全、环保、和平，常用于自然场景，以及医疗和农业领域；黄色通常代表欢快、活力，常用于欢快的氛围中；蓝色通常代表安静，可以营造一种神秘感，也可以表达孤寂的情绪，适用范围较广；紫色代表优雅、华丽，常用于比较梦幻的场景中；黑色代表庄重，常用于正式的新闻报道中。

② 配色的使用。

在短视频封面图中，还可以分别以黑色或白色为基础，再搭配其他颜色的文字标题，这样能够实现不一样的效果，如表 7-1 所示。

表 7-1 配色公式

以黑色或白色为基础	搭配效果
黑＋灰	简约、商务、尖锐
黑＋红/橙	华丽、时尚、亮眼
黑＋白	正式、简洁、历史感、回忆感
白＋粉	可爱、甜蜜、浪漫
白＋粉＋浅绿	清爽、浪漫、纯粹
白＋蓝	年轻、干净、正式
白＋蓝＋绿	清爽、动感、健康

(三)为短视频配备合适的标签

标签是推荐系统对短视频的内容进行词语理解和图像识别后概括出的具有代表性的信息。短视频的标签越精准，就越容易获得平台推荐，进而获得播放量。短视频创作者在设置标签时要注意以下几点。

1.标签种类

短视频中常见的标签种类如表 7-2 所示。

表 7-2 短视频中常见的标签种类

标签种类	示例
产品标签	♯衣服、♯耳环、♯鞋子、♯项链、♯玩具等
位置标签	♯武汉、♯昙华林、♯九寨沟
节日标签	♯情人节、♯母亲节、♯春节等
行业标签	♯农业、♯美妆、♯饰品、♯金融等

续表

标签种类	示例
品牌标签	♯NIKE(耐克)、♯iphone(苹果)、♯Florasis(花西子)等
每日主题标签	♯星期一、♯星期五、♯周末等
形容词标签	♯治愈、♯有趣的、♯解压、♯创意等
小众标签	♯旅行、♯宠物、♯美食等
目标受众群体	♯运动达人、♯球迷、♯学生、♯白领

2.标签设置注意事项

(1)与短视频主题相关

标签应该与视频内容相关,这样可以帮助受众更容易地找到该视频,吸引更多的相关受众。

(2)选择热门标签

热门标签通常是广泛使用的标签,这意味着更多的人正在寻找或使用这些标签来搜索相关的内容,使用这些标签可以增加视频的曝光率。

(3)选择具有代表性的标签

标签应该反映视频的主要内容和焦点,如果标签不准确,可能会对受众产生误导,从而导致他们不喜欢该视频。

(4)选择多样化的标签

选择多样化的标签可以扩大视频的曝光范围,让更多的人看到。但是标签数量应该控制在合理范围内,过多的标签可能会被搜索引擎认为是垃圾标签。

(5)观察竞争对手的标签

观察和分析竞争对手的标签可以帮助短视频创作者找到与自己的视频相关的标签,同时了解他们是如何利用标签来增加曝光率和观看量的。

(6)避免使用不合适的标签

不要随意使用与视频内容无关或不合适的标签,因为这不仅会让受众感到困惑和失望,还会被搜索引擎判定为垃圾标签,导致视频被屏蔽或降低排名。

3.标签数量

在以抖音、快手、微信视频号、小红书等为代表的短视频平台上,一般可以添加1~3个标签,且每个标签的字数不宜过多,最好限制在5字以内。

一些短视频平台标题的最高限制字符较多,在使用标签时要精准、适量,标签太少不利于平台的推送和发放,标签太多则不利于推动给目标用户,只有正确选择标签才能为视频带来更多的流量。

4.热点热词

热点话题能够创造巨大的流量,因此各大短视频平台都会对热点话题进行一定的流量倾斜,例如,春节期间一些平台会推出曝光推荐加倍的短视频征集活动。短视频创作者在设置标签时迎合当下的热点会更容易增加短视频的曝光度,但是标签的内容要切合视频内容,否则也会收效甚微。

需要注意的是,短视频创作者绝不能为了追求流量而毫无底线地结合一些负面的热点新闻。

思考与练习

为口播数码类知识博主的短视频设计一个视频封面。

二、短视频发布时间的选择

选择合适的发布时间,能为短视频带来更多流量。通过中国广视索福瑞媒介研究(简称CSM)发布的《短视频用户价值研究报告 2022》[①],我们可以分析得出 2022 年中国短视频用户产品使用场景,可知用户在中午 12 点午休时和晚上 10 点睡觉前观看短视频占比最高,分别为 44.3% 和 60.3%(见图 7-17)。

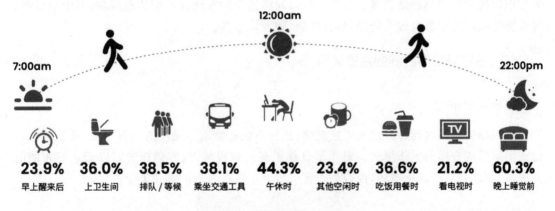

图 7-17　中国短视频用户产品使用场景

---

① CSM:《短视频用户价值研究报告 2022》(全文)[EB/OL].(2023-02-01)[2023-04-01]http://www.100ec.cn/detail-6623419.html.

(一)发布短视频常见的时间段

1.第一个时间段(6:00—9:00)

这个时间段是上班族、学生起床前后以及上班或上学途中。在这个时间段,适合发布早餐美食类、健身类、励志类短视频,比较符合大众需求和该时间段用户的心态。

2.第二个时间段(12:00—14:00)

这个时间段,无论是学生还是上班族,大多处于吃午餐或者午间休息的状态。在相对无聊的午休时间里,用户会选择浏览自己感兴趣的内容。这个时间段适合发布剧情类、幽默类短视频,使用户能够在工作或学习之余得到放松。

3.第三个时间段(18:00—20:00)

这个时间段的大部分用户都结束了工作或者学习,他们忙碌一天后都会利用手机打发时间,可以说这是一个万能的发布时间段,几乎所有类型的短视频都可以在这个时间段发布,尤其是创意剪辑类、生活类、旅游类短视频。

4.第四个时间段(22:00—24:00)

这个时间段为大多数人睡觉前的时间,许多用户习惯于睡前刷刷短视频,因此这个时间段使用短视频的用户数量最多。这个时间段同样适合发布任何类型的短视频,其中情感类、美食类短视频的观看量较为突出,且评论数、转发量较高。

(二)短视频发布时间的注意事项

1.固定时间发布

短视频的发布时间可以形成固定规律,这样不仅能够培养用户的观看习惯,还能够让自己或团队形成有序的工作模式。对于每日都更新的短视频,内容创作者可以固定发布的时间段;对于并非日更的短视频,内容创作者可以固定选择每周的哪几天发布。

2.无固定时间发布

除了固定时间发布之外,创作者还可以按照短视频的具体内容来确定发布时间,使短视频更加高效地寻找到目标用户群。例如,某美食类短视频账号的本期短视频内容是美味早餐的搭配方式,则可以选择在早餐时间发布;而下一期短视频内容是宵夜探店的短视频,就可以选择在晚上发布。

不同的目标用户观看短视频的时间不同,因此短视频还可以按照他们的观看时间选择发布时间。例如美妆穿搭类视频,针对的目标用户是普通白领,那就应该在午休或者晚上下班后发布视频。

3. 错开高峰时间发布

前文介绍了四个发布短视频的黄金时段,虽然这些时段用户流量大,但各平台发布的短视频数量也多,竞争压力较大。短视频创作者也可以关注相同领域做得好的账号的发布时间段,与其错开发布时间,避免直接竞争。

4. 需要适当提前发布

短视频的发布通常需要经过系统或者人工审核,因此,短视频发布的时候要预留半个小时左右的时间,以确保在合适的时间发布。

5. 节假日的发布时间适当调整

大多数用户在节假日会晚睡晚起,那么前文介绍的发布短视频的黄金时段就不大适用,发布短视频时就需要适当调整时间。以早餐类短视频为例,工作日的早餐时间可能是在8:00 左右,而大部分用户在节假日时早餐时间可能会调整至 10:00 左右。

三、短视频发布小技巧汇总

(一)根据热点话题发布

发布短视频时可以紧跟时事热点,因为热点内容通常具有天然的高流量,借助热点话题创作的短视频受到的关注度也相对较高。常见的热点话题主要有以下三类。

1. 常规类热点

常规类热点是指可以预测的热点,例如传统节日(春节、中秋节、端午节等)、每年的篮球赛事、足球赛事等。常规类热点的时间固定,创作者可以提前策划和制作相关短视频,在热点到来之际及时发布。

2. 突发类热点

突发类热点是指无法预测的、突然发生的事件,例如突发灾害、社会冲突、娱乐新闻等。发布这类短视频时要注意时效性,简单来说,遇到这类热点话题时,在制作和发布短视频时要做到"快"。在突发类热点话题出现后的第一时间发布与之相关的内容,往往会获得非常大的浏览量。与常规类热点相比,突发类热点更能吸引用户关注。

3. 预判类热点

预判类热点是指预先判断某个事件可能会成为热点,例如即将上映的电影或播出的电视剧。例如,某电影的上映时间确定后,创作者可以在发布官方宣传短片的同时,将以往类似题材或者前几部电影进行梳理讲解,并且在电影上映之前发布,吸引用户关注。

(二)同城发布与定位发布

在许多移动端短视频平台发布短视频时,可以选择同城发布和定位发布。这两种发布方法都能为短视频带来意想不到的流量。

1.同城发布

同城发布是指将短视频账号所在城市的短视频用户作为目标受众群体。虽然同城用户数量无法与全国用户数量相比,但是创作者可以通过富有城市特色的内容来打开市场,尤其是对于有线下实体店的短视频创作者来说,同城发布能够为实体店进行宣传和引流。

2.定位发布

定位发布是指在发布短视频时定位某一地点,使短视频被该地点附近的用户看到。定位发布的方法有两种:一种是根据短视频内容定位相关位置,如制作武汉特色美食类的短视频,可以将定位设置在武汉,这样一方面可以提升内容的可信度,另一方面可以使定位地点的人群看到;另一种是定位人流量大的商圈、景点等,这些地方人数众多,许多用户关注视频内容后,会再去这些地方"打卡",使得视频获得更广泛的传播。

思考与练习

寻找一个抖音千万级账号,并分析其视频发布技巧。

第二节 短视频的运营技巧

一、短视频运营概述

(一)短视频运营的作用

1.让流量转化为真实粉丝

运营的本质就是引流并转化用户,这也是一切营销的目标。短视频运营的首要目的是引流。每一个拥有大量粉丝基础的短视频账号都有一个或长或短的积累过程。一个全新的账号,在初期需要通过运营为账号宣传、拉新。

短视频运营相当于产品营销和售后服务等一系列综合宣传推广手段。如果短视频没有运营这一环节,就像一件产品缺少了广告宣传这个重要步骤,仅凭产品本身和用户的口碑宣传难以在选择多样的市场上存活。因此,短视频运营的真正价值是帮助内容团队实现真正的获客和用户留存,因为流量本身是不能直接变现的,只有获得真实有效的用户,才可能挖掘出长期有效的商业模式,实现稳定变现。

2. 让用户参与互动

当今社会,互联网为每一个用户提供了发声渠道,而互联网营销与传统营销最大的区别在于互动。互联网信息传递的方式是相互的,例如,抖音直播中主播与观看者的互动、每一个视频评论区中的互动。

用户的互动内容中往往隐藏着新的选题、新的产品迭代思路、新的市场需求、新的消费需求等。这些对于品牌主或企业方来说,是极其宝贵的信息。

而短视频的运营可以根据用户的反馈,将新的内容传递给用户,比如评论区、弹幕区的管理,微信后台留言的回复等。短视频创作者也应该在用户的反馈中筛选有效信息,如有价值的内容主题、真实用户感受和市场的最新需求等,为后期的内容生产提供改进的方向。

3. 让内容更加个性化

每个短视频账号在创立之初都会确定自己的内容定位和账号定位,在后期运营中,短视频创作者通过与定位相符的互动方式,加深用户对于该账号的认知。例如,抖音情景短剧"加菲菡 z"会在评论中根据视频内容与粉丝在评论区讨论"如何抵抗负面情绪"的话题。

4. 以量化数据作为决策基础

用户画像是基于短视频平台的后台数据系统,清晰地展示各项数据,如用户的地域分布、性别比例、年龄层、观看时长等。短视频创作者可以将有时效性的数据作为内容创作和传播策略设置的基础。

如果短视频创作者仅仅根据自己的喜好创作内容,不关注市场走向,就容易陷入"闭门造车"的困境,创作的短视频难以引起广大用户的共鸣。短视频运营过程中,短视频创作者可以根据量化数据的波动,不断进行内容的更新、产品的迭代和测试,最终以正确的决策实现流量和用户的沉淀转化。

总而言之,"内容+运营"是短视频账号在信息洪流中屹立不倒的秘诀。

(二)短视频运营的基本思维逻辑

1. AIPL 模型的概念

AIPL 模型是阿里三大营销模型(AIPL、FAST、GROW)之一。AIPL 模型的几个字母分别代表认知(awareness)、兴趣(interest)、购买(purchase)和忠诚(loyalty),就是用户看到产品—产生兴趣—购买产品—复购产品的过程。它也是衡量品牌与消费者距离的一个概念模型。AIPL模型可以量化运营人群资产,使复杂的营销概念变得简单、清晰(见表7-3)。

营销链中主要有四类人群,品牌应针对不同人群采取相应的营销方式和措施,让该模型中的人群实现高效流转,比如在基数最大的"A人群"中挖掘"I人群",将"I人群"转化为"P人群",再引导"P人群"成为"L人群"。当一个品牌拥有大量的"L人群"时,就掌握了大量的品牌人群资产,这对于品牌的长期发展而言至关重要。值得注意的是,从A到L的转化过程中用户价值和运营投入资源是呈反比的。用户忠诚度越低,运营转化需要投入的资源就越多;反之,用户忠诚度越高,运营转化需要投入的资源就越少,即使不投入大量资源,可能也会比较稳定,因为已经成为忠实用户。

表7-3　AIPL模型对应人群

AIPL模型	对应含义	具体人群
A	品牌认知人群	被品牌广告触达的人和搜索品类词的人
I	品牌兴趣人群	点击广告、浏览品牌/店铺主页、参与品牌互动、浏览产品详情页、搜索品牌词、领取试用、订阅/关注/入会、加购收藏的人
P	品牌购买人群	购买过品牌产品的人
L	品牌忠诚人群	复购、评论、分享的人

2.AIPL模型在短视频运营中的具体含义

AIPL模型不仅适用于品牌营销,对短视频的运营也具有一定的借鉴意义,为短视频运营提供了基本的思维逻辑,其具体含义也稍有变化。AIPL模型在短视频运营中的具体含义如表7-4所示。

表7-4　AIPL模型在短视频运营中的运用

AIPL模型	对应含义	具体应用
A	内容认知用户	在海量普通用户中,找到对短视频内容有基本认知的用户,分发内容信息
I	内容兴趣用户	通过多种展现形式传递有价值的内容,吸引更多用户对短视频产生兴趣,深入垂直领域
P	潜在用户	找准用户需求,实现用户对短视频内容感兴趣到自愿消费的思维转化和流量转化
L	忠实用户	积累忠实用户,使流量和用户形成良性循环和再生产

3.AIPL模型在短视频运营中的实际应用

短视频运营包括推广运营、内容运营、用户运营、流量运营四部分。这四部分可以与

AIPL 模型一一对应,具体分析如下。

(1)推广运营——寻找内容认知用户

运营的第一步是建立目标用户的认知,也就是推广运营,这是短视频运营初期的关键环节。短视频创作者需要在海量普通用户中寻找喜爱该短视频内容的用户。例如,花西子于 2017 年成立后提出"东方彩妆,以花养妆"品牌理念,其抖音的广告都会展示同心锁口红等富有中国特色包装的化妆品,对该内容有基本认知的用户应该是喜爱中华传统文化的年轻女性。

因此,推广运营工作就是从整个短视频市场中筛选出内容认知用户,然后根据这类用户的特征制定详细的推广策略,将宣传信息传递给他们。

(2)内容运营——引导内容兴趣用户

内容运营是一项涉及范围较广的运营工作,它对应 AIPL 模型中的引导内容兴趣用户这一环节。内容运营包含账号运营、制作创意、宣传推广三个环节,如表 7-5 所示。其中,账号运营是根据自身的定位、稳定的生产内容来维持现有用户群体;制作创意是根据用户的反馈,对短视频内容进行有创意的改进;宣传推广则是进一步扩大传播声量、扩大感兴趣的粉丝群体。由于内容运营的核心是"内容为王",无论哪种运营方法和技巧都是以内容为基础的。要产出优质的内容,就必须了解市场详情和用户反馈。

表 7-5 短视频内容运营的三个环节

环节	具体内容
账号运营	为短视频账号定位,确立"人设"、发展方向、长期规划等
制作创意	根据用户反馈,对内容策划和制作方式提出改进建议等
宣传推广	确定短视频内容的宣传方式、推广策略等

(3)用户运营——转化潜在用户

短视频内容的制作和传播目的就是获取用户关注,抓住用户注意力,从而使用户愿意停留在自己的视频和产品上。所以用户运营的核心是转化潜在用户,使其完成更具价值的消费行为。用户运营需要思考以下四个环节。

一是用户获取,即找到对短视频内容感兴趣的用户。

二是用户活跃,即通过短视频后台数据,对用户的增长和流失进行分析总结。

三是用户留存,即分析观看短视频的用户,并使其留存,以在未来创造变现价值。

四是用户价值,即定义真正高价值的用户,明白促使短视频用户完成一次的消费行为不是运营的终点,而是致力于长久地留住这些有价值的用户。

(4)流量运营——吸纳忠实用户,形成流量再生

当短视频账号已经拥有固定的用户群体之后,短视频创作者需要将已有的流量和资源进行再生,让用户进入自己的私域流量池,使流量成为拓宽变现渠道的资本。例如,许多官方入驻抖音平台发布短视频进行营销推广,在获得较多流量之后,会将该短视频用户引入自身的会员系统、公众号等相关平台;个人意见领袖也会在抖音介绍中发布自己其他平台的账号或者粉丝群,通过流量实现 IP 变现、商业融资等。

总而言之,短视频真正吸引人的地方在于拥有聚集流量的能力,而运用各种运营方式可以充分发挥流量的价值,这也是短视频运营的商业价值所在。

二、短视频推广运营

在短视频运营初期,大部分账号都没有粉丝基础,处于冷启动(无内容、无粉丝)阶段,按照短视频运营的基本思维逻辑,它们首先需要进行推广运营,以增加短视频的曝光度,而开展短视频推广运营的前提是熟知主流短视频平台的推荐机制。

(一)主流短视频平台的推荐机制

目前,主流短视频平台的推荐机制既有相似点,也存在不同之处。其中,哔哩哔哩较为特殊,它除了设有点赞、评论、收藏、转发等功能,还设有投币和弹幕功能,与这些功能相关的数据也是哔哩哔哩考量短视频质量的重要标准。

目前,抖音(西瓜视频与抖音类似,因此放一起进行介绍)、快手、小红书、微信视频号、哔哩哔哩的推荐机制如表7-6所示。

表7-6　各平台的推荐机制

短视频平台	推荐方式	具体说明
抖音、西瓜视频	冷启动+算法	以内容导向为基准。在冷启动阶段,根据播放量、评论量、点赞量、完播率等判断内容质量;优质内容会被再次推荐,进入更高级的流量池,层层递进
快手	社交+兴趣	优先基于用户社交与兴趣分发内容。将内容优先推荐给"关注你的人""有N位好友共同关注""你有可能认识的人""他在关注你"等用户,并根据播放量等数据再次分发内容
小红书	兴趣+板块	以兴趣为主,板块为辅。根据用户标签(兴趣、观看习惯等)分发内容;为用户提供发现、附近、地点等板块,以供用户选择观看相关内容
微信视频号	社交+兴趣	优先基于用户社交与兴趣分发内容。将用户微信好友产生点赞及互动行为的内容优先分发给用户,并根据热点话题、用户兴趣标签、地理位置等分发内容
哔哩哔哩	内容标签+用户标签	利用内容与用户双重标签推荐。明确内容标签、用户标签(观看习惯、历史浏览、关注和订阅、消费行为、身份信息),以此进行推荐

各大主流短视频平台都会根据自身的推荐方式对短视频进行流量分配,在此基础上,根据播放量、点赞量、评论量、完播率等评判短视频质量。所以在进行推广运营之前,短视频创作者需要熟知不同平台的流量算法,制定不同的短视频推广方案。

(二)企业短视频账号的推广运营方法

在短视频盛行的时代,各企业的品牌营销也纷纷使用企业号来提供内容分发和商业营销服务。企业短视频账号在短视频运营方面具有两大优势:一是具有一定的品牌影响力和用户群体;二是拥有比较充足的推广资金。在这两大优势的支持下,企业短视频账号可以利用以下两种方法进行运营推广。

1.企业账号矩阵推广

企业如果只有一个账号,通常就只能考虑最大众的群体或消费贡献最大的群体,而忽略了第二大及以下群体受众的感受,其发布的内容大概率不会贴合这些群体的兴趣点,从而影响了企业、产品或者品牌在这些群体中的传播。这时候如果采用矩阵推广形式,就能很好地避免这个问题。

矩阵推广是指同一企业或品牌拥有多个短视频账号,每个账号涉及的领域或宣传的产品不同,通过多个平台设立账号共同形成横向的多方联动,发布适合平台特性的内容,达到提高知名度、提升商业价值的效果。

现在,建立短视频账号矩阵已经是每个企业必备的营销传播方式,企业不仅可以在短视频账号中进行日常宣传活动,还可以利用其他多个拥有粉丝基础的账号进行推广。值得注意的是,企业每个账号的定位和侧重点应该有所不同,不能简单地复制粘贴内容,而是要结合每个账号的特色进行有针对性的推广。

2.企业号做好整体运营策划

运营人员在运营企业号时应该从以下几个方面入手做好整体运营策划。

(1)人格化账号定位

首先,分析品牌目标人群。通过企业的消费群体以及相关账号的数据,分析品牌在短视频平台上的目标人群及其特点。

其次,分析目标人群账号的特征,打造人格化品牌形象。根据目标人群的喜好,找到最契合自身品牌风格的账号,并将其作为参照,寻找与自身品牌相符的账号定位。

(2)内容规划

确定了账号定位后,运营人员应该对未来生产的内容进行规划。一般来说,企业账号的内容规划有以下三种。

第一种是标签型内容。企业号可以根据与品牌或产品有强关联的场景、品牌内容主体等,设置有代表意义的标签。以帆书(原樊登读书)为例,可以作为其介绍素材的书籍范围非常广,涉及职场技能、亲子教育、青春期教育、婚姻情感等诸多领域,而不同领域的受众群体有非常大的区别。帆书可以设定有5~6个账号的账号矩阵,每个账号对应一种书籍类型,设置不同的标签,这样既能满足精准定位需求,提升每个账号在对应人群中的影响力,保证传播效果,也能通过多个账号扩大覆盖群体,实现快速涨粉。

第二种是热点型内容。热点主要分为常规热点和突发热点,企业号可以结合热点进行内容生产,打造爆款内容。

第三种是广告型内容。企业号可以根据关键的营销节点,如双十一、618等发布各种广告内容视频,可以是植入广告,也可以是创意广告。发布这类内容时,要注意和信息流广告匹配,并附上产品链接以及活动详情,以便实现流量转化。

(3)阶段目标

企业号也可以参考AIPL模型,结合企业的发展计划设定阶段性的运营目标。以抖音平台为例,企业号运营可以分为以下四步。

第一步,认知,即"涨粉"。基于抖音平台的推荐机制,在运营初期完善完播率、点赞量、评论量和转发量四个指标,通过持续生产优质内容,获得传播声量,积累粉丝。

第二步,兴趣。进一步强化内容,以吸引更多优质用户,也可以寻找相关的关键意见领袖进行品牌宣传与营销推广,通过将产品信息植入其发布的短视频或者直接发布硬广来做推广。

第三步,潜在。企业号运营的中后期可能会遇到"瓶颈",此时运营人员可以根据用户的观看反馈,如评论关键词、用户内容偏好等,优化后续的短视频创意,进而保留现有的粉丝群体,进一步扩大传播声量。

第四步,忠诚。企业号完成前面几个步骤以后,会产生一批优质的"老粉",他们会主动向他人推荐企业的产品,这个时候企业号需要持续输出优质的内容,以吸引被推荐过来的新用户。

3.参与官方活动

各大短视频平台会不定期地推出各类官方活动帮助短视频账号"涨粉",短视频创作者可以抓住这类机会扩大账号知名度。以下列举了抖音、快手、小红书、西瓜视频、哔哩哔哩平台推出的较为热门的官方活动,企业账号可以根据自身的具体情况选择参与。

(1)抖音:抖音挑战赛

抖音挑战赛是抖音于2017年独家开发的商业化产品,其通过"强话题"引导用户互动,从而助力品牌传播。挑战赛具有人群年轻化、资源多样化的优势,它通过抖音开屏、信息流、红人、热搜、站内私信、定制化贴纸等几乎所有的商业化流量入口资源,满足企业的诸多营销诉求,为企业在海量用户中提升曝光度。

根据预算的不同,抖音挑战赛分为品牌挑战赛、超级挑战赛、区域挑战赛三种不同的类型。三种类型在互动技术玩法、配套资源和影响范围等方面有一定的差异,企业可以根据不同的需求和预算进行选择。

近年来抖音挑战赛发起数量最多的行业,主要是食品、旅游景点、电商、汽车、影视。例如,蜜雪冰城曾经在抖音上发布摇摇杯的挑战赛,该话题挑战最高播放量达1亿次(见图7-18)。可见抖音挑战赛已经成为企业宣传产品、打造品牌知名度的主要渠道之一。

（2）快手：快手挑战赛

快手挑战赛的形式与抖音挑战赛类似，但是快手尽量弱化自己对平台的管控，基于用户的社交关注和兴趣进行流量分发，使得用户更容易看到自己所关注的用户的内容，而当一个用户反复看到自己所关注用户参加挑战赛的内容时，可能也会跃跃欲试。因此，快手挑战赛能够帮助品牌将单向传播转变为双向传播，以用户带动用户，激励用户共创，许多企业通过活动获得了大量曝光和流量转化。

例如，2022年11月19日晚，周杰伦线上"哥友会"在快手平台如约开启，在这场"哥友会"上，周杰伦先后演唱了《还在流浪》《半岛铁盒》《稻香》《晴天》《错过的烟火》，随后发布的♯JAY迷挑战赛达到4.9亿次的播放量，许多喜爱周杰伦的快手用户参加了挑战赛，并且发布自己唱周杰伦歌曲的视频参与其中（见图7-19）。

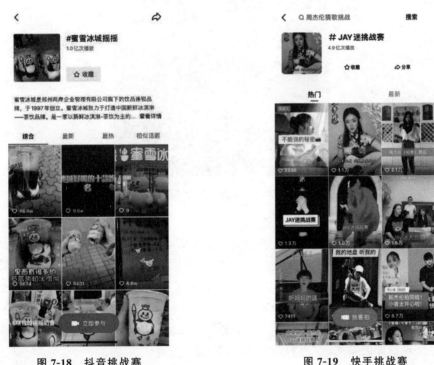

图7-18　抖音挑战赛　　　　　　　　图7-19　快手挑战赛

（3）小红书：品牌话题活动

小红书针对的主要用户群体是女性，所以主要目标群体是女性的企业可以好好利用小红书平台，通过参与小红书的品牌话题活动，发布与品牌相关的话题，吸引关键意见领袖与用户的参与。

例如，2022年小红书的♯不重样宝宝食谱词条吸引了超过23万人参与讨论，浏览量达10.8亿次；♯带娃词条下也有超过14万人参与讨论，浏览量超3.5亿次（见图7-20），小红书母婴内容社区渐具声量。许多母婴品牌与关键意见领袖联手，在视频中植入广告进行品牌推广。

图 7-20　小红书品牌话题活动

（4）西瓜视频：西瓜 PLAY 嘉年华

西瓜 PLAY 嘉年华是西瓜视频年度规模最大的品牌 IP 活动，是西瓜视频平台与视频创作者一年一度的交流盛会，是平台、创作者、粉丝用户、品牌多方的互动桥梁。西瓜 PLAY 嘉年华挣脱了手机端隔着屏幕观看、学习、娱乐的束缚，使得年轻人作为参与者在现场真实地看到视频创作的过程，一般来说，西瓜 PLAY 嘉年华包括线上大曝光互动玩法＋线下地标盛典、狂欢派对等内容板块。品牌可以通过赞助或者冠名的方式激发年轻圈层更大的创造性，同时实现品牌的曝光、渗透和高效"种草"。

例如，海昌眼镜通过"2022 西瓜 PLAY 好奇心嘉年华"发布线上人气争霸赛和主播挑战赛两种比赛来角逐入场名额，同时西瓜视频邀请知名作词人方文山创作《献给响亮生活的告白诗》，献礼"2022 西瓜 PLAY 好奇心嘉年华"活动，通过线上和线下联动进行品牌推广。

（5）哔哩哔哩：B 站召集令

品牌可以通过参加"B 站召集令"来进行营销宣传以视频内容为触发点，聚合流量资源、UP 主影响力和平台社区特性，一站式助力品牌快速完成"触达－聚拢－发酵－沉淀"的营销全链路（见图 7-21）。B 站的主要用户群体为"Z 世代"（1995 年至 2009 年出生的一代人），作为年轻人聚集的文化社区，企业在该平台传播内容时要更加关注年轻人所喜爱的形式，投其所好地进行推广运营。

图 7-21　B 站召集令

例如,肯德基与 B 站携手打造了多个精彩案例,肯德基紧跟年轻人的喜好,通过聚合流量入口、联合 UP 主等多种形式赋能品牌营销。

首先,B 站召集令配合硬广资源,在开屏页、热门榜单等信息流中集中曝光肯德基品牌,为"全民复刻原味鸡"活动导流(见图 7-22)。

开屏　　　　　　焦点图　　　　　　首页信息流　　　　　　动态信息流

图 7-22　"全民复刻原味鸡"活动

其次,B 站通过联合头部 UP 主"木鱼水心"来生产 UGC(用户生成内容)的高质量视频,大大提升"全民复刻原味鸡"活动内容的吸引力(见图 7-23)。

图7-23 UP主"木鱼水心"生产有关"全民复刻原味鸡"视频

在B站召集令的加持下,肯德基"全民复刻原味鸡"营销活动连续12天登榜B站热门话题榜,品牌话题浏览量高达1697.6万,UP主相关视频总浏览量近700万,直接为肯德基在B站的企业号增粉20%。

思考与练习

假设某品牌电动车企业计划利用抖音平台进行产品宣传,请你为其撰写一份运营计划书。

(三)个人短视频账号的推广运营方法

个人短视频账号虽然人力和资金有限,但也可以通过多种途径实现性价比较高的推广。

1.付费推广

目前,短视频创作者可以在抖音、快手、哔哩哔哩进行付费推广,花费少量的资金为短视频购买流量。

(1)抖音:DOU+

DOU+是抖音官方推出的付费营销工具,短视频创作者可以在发布短视频之前购买DOU+,让平台将自己创作的内容精准地推荐给目标人群。作为"视频加热"工具,DOU+不仅可以增加短视频播放量,还能间接影响点赞和评论数量,进而产生滚雪球效应。

在使用DOU+时,短视频创作者可以在以下三种推荐模式中选择。

第一,系统智能投放模式。在这种模式下,系统会根据视频的内容,通过算法以及用户画像智能匹配可能对该视频感兴趣的用户。

第二,自定义投放模式。在这种模式下,短视频创作者可以自定义目标用户类型,如图 7-24 所示。

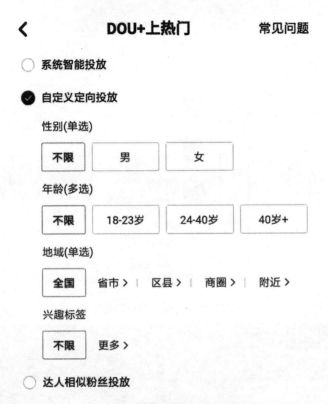

图 7-24 DOU+自定义定向投放

第三,达人相似粉丝投放模式。在这种模式下,短视频创作者可以添加与自己视频调性相似的达人账号(5 个左右),在同一领域,这些账号的粉丝都是互通的,只要作品的质量没有问题,别人的粉丝就会被分配到短视频创作者的视频下,从而提高转化效率,如图 7-25 所示。

一般来说,短视频创作者对视频的期望提升包括视频互动量提高以及粉丝增长两个方面,短视频创作者可以根据实际情况购买一定投放时长的 DOU+(见图 7-26)。需要注意的是,对于短视频推广营销来说,这些只是辅助,最根本的还是在于视频的质量。

(2)快手:快手粉条

快手粉条是快手原生的内容营销工具,其借助 AI 技术驱动,能够实现内容和用户的个性化匹配,通过粉丝定向、多标签定向定位,精准获取高价值粉丝,促进账号快速成长。与抖音不同的是,快手的首页展示会安排多条短视频,用户可以根据自己的兴趣选择观看,所以快手短视频的推广是以展示量为准,而抖音则是以播放量为准。

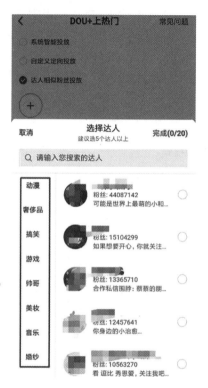

图 7-25   DOU＋达人相似粉丝投放

图 7-26   DOU＋投放设置

在快手 APP 首页找到"设置",点击"快手粉条"即可进入购买推广的界面,如图 7-27 所示。

图 7-27　快手粉条界面

快手的推广可以分为作品推广和直播推广,如果短视频创作者只是进行作品推广,可以在"希望提升"里选择播放数、涨粉数、点赞评论数等。与抖音类似的是,快手的推广也可以选择推广时长,一般有 2 小时、6 小时、12 小时、24 小时可选。需要注意的是,如果投放时间太长,会错过助推的黄金时间段,所以应尽量把投放时长向平台用户集中的时间段靠拢。在快手推荐中也可以设置定向条件,短视频创作者可以根据自己的目标用户特征选择智能优选、达人相似粉丝或自定义人群进行推广。快手粉条设置如图 7-28 所示。

需要注意的是,无论是抖音还是快手官方的付费推广都有时间限制,因此短视频创作者在运营期间经常面临是停止推广还是追加付费继续推广的选择。有的人在效果不佳的时候,会抱着"万一后面涨粉速度就快了呢"这样的想法去追加,也有的人在见到运行的成效后,认为付费推广涨粉才是最佳的涨粉方式,一味加大追加的力度。其实这两种想法都是有失偏颇的,是否追加应该在认真分析数据的变化情况后再做决定。

(3)哔哩哔哩:起飞

起飞是哔哩哔哩官方推出的视频/直播间/动态/活动推广加热工具,其能够快速高效地将视频内容/直播间曝光给对其感兴趣的用户,从而扩大产品宣传效果。

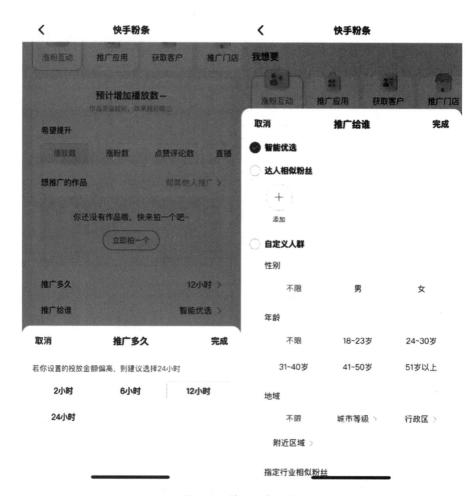

图 7-28   快手粉条设置

哔哩哔哩的起飞分为个人起飞和商业起飞，其中，个人起飞推荐 UP 主原创的非商业性的内容，商业起飞是推荐企业账号的商业内容。哔哩哔哩起飞专业版如图 7-29 所示。

起飞的售卖模式为先充值再消耗。按照 CPM（千次曝光成本）或 CPC（单次点击成本）竞价消耗，竞价成本因为不同的行业以及时间会有所波动。起飞能够为短视频增加曝光率，但最终运营效果受视频内容、定向人群优化、投放时间、消耗预算、素材本身等多方面影响。

以上三种付费推广方式，不仅适用于个人短视频账号，还适用于企业短视频账号。

2.参与官方活动

各大短视频平台都会不定期推出宣传活动，以帮助用户提高短视频的曝光量，在此主要介绍抖音/快手、小红书、西瓜视频和哔哩哔哩几个平台。

（1）抖音/快手：参与挑战赛

前文在介绍企业账号推广运营时，详细讲解了抖音以及快手的挑战赛，个人账号也可以积极参与这类活动，在相关的话题中创作与之相关的内容，提升自身内容的曝光度。

图 7-29　哔哩哔哩起飞专业版

　　个人账号在抖音/快手平台参与热门活动的方式类似,现以抖音为例进行具体介绍。抖音近年来推出了"挑战赛＋全民任务"玩法,例如,2022 年暑期脉动在抖音上发起全国超级挑战赛"一口炫走大暑",吸引了许多短视频创作者通过扭曲的脸部、摇头大口喝脉动的趣味状态演绎趣味内容,如图 7-30 所示。

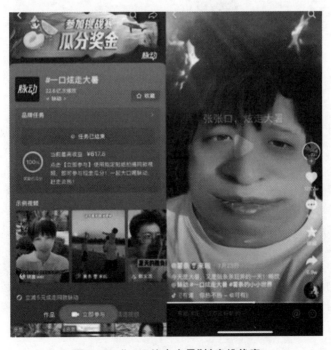

图 7-30　"一口炫走大暑"抖音挑战赛

（2）小红书：参考"笔记灵感"

对于个人账号来说，根据热门话题有针对性地发布与活动相关的内容，能够更好地获得浏览量，而小红书平台为个人账号的内容生产进行了热点整理。短视频创作者在主页"我"的选项卡中，找到"创作中心"，再下滑找到"笔记灵感"，便可以查看官方根据用户互动数据总结出的本周热点，热点包含几乎所有的内容类型，创作者可以根据实际情况进行选择，如图 7-31 所示。

图 7-31　小红书"笔记灵感"界面

（3）西瓜视频：参与中视频伙伴计划

中视频伙伴计划是由西瓜视频发起的，联合抖音、今日头条举办的激励中视频创作的活动。成功加入中视频伙伴计划的作者，通过西瓜创作平台、西瓜视频 APP、抖音中西瓜视频小程序、剪映中西瓜视频发布的原创横屏视频（时长≥1 分钟），可享受西瓜视频、抖音、今日头条的创作收益。例如，中视频创作者"滇西小哥"通过中视频展示云南当地特色美食，备受粉丝喜爱，也获得了不少收益。因此，如果视频创作者认为短视频平台竞争激烈，也可以采取迂回战术，通过生产高质量的中视频来获得关注。

（4）哔哩哔哩：参与创作激励计划

创作激励计划是哔哩哔哩推出的面向个人 UP 主的长期扶持政策，适用于视频、专栏、素材。参与计划需要满足一些条件。对于视频来说，创作力或者影响力要大于 55 分，且信用分大于 80 分；对于专栏来说，阅读量要大于 10 万；对于素材来说，要有自制音频被选入手机投稿 BGM 素材库。

视频创作激励计划为 UP 主提供的权益包括基础补贴和活动补贴,其中基础补贴来自自制稿件数据表现(包括用户互动行为数据、框下广告数据等);活动补贴来自各类玩法(包括爆款小目标、涨粉攻擂赛、UP 主试炼场等)。

哔哩哔哩的创作激励计划的必要申请条件之一是电磁力等级达到 LV3 且信用分大于等于 80 分或者专栏阅读量大于等于 10 万。电磁力是哔哩哔哩的一种评分方式,其根据创作者近一个月的投稿数量、播放数量和粉丝的活跃情况来计算电磁力分数。这类活动通常会设置几百到几千元数额不等的奖金,以鼓励新人 UP 主积极创作高质量的短视频。

以上是个人短视频账号常见的推广运营方式,短视频创作者可以根据实际需求适当购买推广,并积极关注和参与官方发起的各类活动,长期坚持才能获得不错的推广效果。

三、短视频用户运营

广义上说,围绕用户展开的所有人工干预都可以称为用户运营。而短视频用户运营就是通过短视频内容为不断扩展用户所展开的一系列运营工作。用户是短视频用户运营的核心,因此,短视频用户的运营工作需要围绕用户来展开,针对企业账号的用户运营目标主要包括品牌曝光、流量提升和引流转化,而针对个人账号的用户运营目标则主要包括拉新、留存、促活和转化。

(一)短视频用户运营目标

1.企业账号的用户运营目标

(1)品牌曝光

许多企业账号会在短视频中植入品牌的 logo,或者添加角标,以直观的方式进行品牌宣传,或者通过生产具有品牌特色的视频内容来传达品牌文化,强化用户对品牌的认知。

(2)流量提升

2022 年,中国互联网络信息中心发布的第 50 次《中国互联网络发展状况统计报告》显示,截至 2022 年 6 月,我国短视频用户规模达 9.62 亿,由此可见短视频平台用户数量之庞大。企业账号应抓住这一主流的宣传方式,为自身争取流量,打造品牌知名度。

(3)引流转化

企业账号的最终目的是实现销售,为企业创造利益,而各个短视频平台的主要目标受众群体不同,例如,小红书主要针对年轻女性,哔哩哔哩主要针对 Z 世代群体等。企业可以根据平台的主要用户以及自身的目标受众群体,有针对性地投放内容,并且持续跟进后台数据情况,制定灵活的方案转化用户,实现盈利。

2.个人账号的用户运营目标

(1)拉新

拉新即通过内容吸引新用户。在个人账号的运营过程中,拉新是基本目标,只有不断吸引新用户观看,才能获取流量支持。

在短视频运营初期,账号的知名度不高,所以短视频创作者需要持续更新有趣的内容来吸引新用户;在短视频运营成熟期,老用户会产生审美疲劳、消费需求发生变化,甚至逐渐流失,所以短视频创作者需要通过拉新来保持用户体量。虽然不同阶段的拉新策略可能有所差异,但目的都是扩大用户规模。源源不断的新用户能给短视频创作者带来流量和收益,也能为其提供未来内容制作的灵感。

（2）留存

留存即让新用户留下以展开后续的运营活动。新用户被吸引过来后,运营人员要及时提供符合其需求与喜好的内容,否则用户依旧会离开平台。

留存的关键有两个,一是专注于提高短视频产品质量与体验,二是通过优化标题、封面图、推送时间等方式提高用户观看短视频的频率。

（3）促活

促活是指通过具有针对性以及互动性的短视频内容,提升用户互动的积极性,进而增强用户黏性和忠实度。

短视频有了一定的用户基础后,为了实现长远的运营,短视频创作者要具备较强的用户思维。例如发布技能教学的短视频为用户提供解决问题的简单方法,如果短视频创作者能够引发用户共情,用户就会很自然地出现观看、评论、分享、收藏等一系列活跃行为,这时短视频创作者可以根据短视频内容设计用户的互动环节,不断增强用户的参与感,提高用户的积极性。

（4）转化

转化是指利用高质量的短视频内容,以广告变现、内容付费、电商营利等方式刺激用户消费,将用户转化为实际的消费者,实现盈利。将流量成功变现是运营工作的最终目的。

这四个目标在不同的阶段可能有不同的偏重,但整体来说它们是相辅相成的。短视频内容质量是保证用户规模的基础,而用户规模是实现商业化的基本要素,只有不断吸引新用户、留住老用户、提高用户活跃度才可能实现流量转化。

（二）短视频用户运营的三个阶段

1. 在萌芽期吸引新用户

在短视频用户运营的萌芽期,用户运营的首要目标是不断地吸引新用户,为下一步培养忠诚用户以及内容变现打下基础。短视频用户运营萌芽期的主要任务是寻找潜在目标用户、筛选过滤目标用户和培养用户忠实度。具体实践中有以下三种方法。

（1）以老带新

以老带新是通过已有的大号协助推广,也就是具备一定粉丝基数的账号通过评论引流等方式将其粉丝引流到新的账号,以实现新账号最初一批种子用户的积累,这是账号在萌芽阶段有效的拉新方式之一。

（2）结合热点话题

短视频创作者可以结合常规热点以及突发热点，创作与热点话题相关的短视频内容进行引流，这样不仅可以节约运营成本，还有机会快速增加短视频流量。短视频创作者可以参考各大短视频平台官方推出的热点话题，进行内容的生产。

（3）合作推广

如果资金足够充足，短视频创作者可以邀请一些知名的关键意见领袖进行合作推广，通过利用关键意见领袖的资源为自身账号引流拉新。值得注意的是，短视频创作者要选择与自身目标受众群体相符的关键意见领袖进行合作，且该推广模式的成本较高。

2.在成长期提升用户黏性

在短视频运营的成长期，用户运营工作主要是应对增长减速、用户审美疲劳的问题。这一时期的具体任务可以细分为拓宽用户增长渠道、提高短视频内容创作质量和提升用户活跃度。

（1）拓宽用户增长渠道

拓宽用户增长渠道通常是指增加内容的分发渠道，以达到将内容送达不同平台上潜在用户的目的，从而拓宽传播范围。例如，可以结合抖音、快手、哔哩哔哩等平台的特征，对短视频内容、标题或者文案稍做调整，以符合该平台潜在用户的需求。一般而言，拓宽用户增长渠道有以下三种方法。

第一，多渠道发布，即短视频创作者将视频在多个平台同时发布，使尽可能多的用户看到短视频内容，同时避免别人搬运自己原创的内容。例如，旅行博主"房琪kiki"，在抖音、微博、小红书、B站等平台上都会发布自己创作的视频，获得了更大的宣传力度。

第二，拓展内容创作形式，即短视频创作者在钻研视频内容的同时，将视频内容延伸为文字、图片，甚至是音频等形式，并将不同形式的内容发布在不同的渠道。例如，摄影博主"亦卷古月"在抖音会发布自己为美女拍摄的视频合辑，在小红书上以图片的形式发布成片，针对平台内容的特色灵活创作内容。

第三，打造内容矩阵，即短视频创作者同时运营多个与主题相关的短视频账号，实现多账号互相引流。例如，抖音账号"三金七七"和"一杯美式"都是以生产爱情短剧为主的账号，演员配置也相同，但是前者主要展示爱情甜蜜的一面，后者主要呈现爱情中遗憾的一面，通过一甜一虐的搭配，吸引了上千万的粉丝。

（2）提高短视频内容创作质量

再厉害的营销手段都离不开精彩的内容，优质的内容始终是短视频的核心竞争力。短视频创作者要注重持续输出高质量的内容留住原有用户并拓展新用户。短视频创作者可以通过分析后台数据、听取用户建议、学习拍摄技巧、跟踪时事热点等方式来生产用户喜爱的内容。

（3）提升用户活跃度

在运营过程中，短视频创作者需要重视优质用户，也就是活跃度较高的用户，因为这类用户在后期更容易转化为消费者。提高用户活跃度有以下两种常用的方法。

第一，和用户保持互动。例如，抖音上的美妆博主"涂罗伊"经常会根据当下热播的电视剧或者粉丝要求的人物形象进行仿妆，在互动中满足粉丝的需求，同时也提升了用户的参与感。

第二，利用社群。许多短视频账号在成长期会设置粉丝群，利用社群提升用户活跃度，并且将公域流量中的活跃用户引流到自身的私域流量池中。以抖音粉丝群为例，在抖音的粉丝群中，除了聊天，还可以进行商品发布、作品更新自动分享，以及直播提醒。可以看出，抖音的粉丝群更致力于维护忠实粉丝、盘活用户、带动直播间人气、提升复购率。而且抖音粉丝群可以设置进群门槛，进而筛选入群用户。同时，在社群中可以设置打卡机制，定期开展福利活动等，在不断的互动中调动用户的积极性。

3. 在成熟期实现内容变现

短视频账号运营的最终目的是创造收益，将用户转化为消费者。在成熟期实现短视频内容商业化的方式主要有以下四种。

（1）内容付费

内容付费是针对内容本身的商业化。一些国家很早就开始实行短视频付费，例如，YouTube 早在 2018 年就推出了"频道会员"服务，用户付费后可以看到他们喜欢的创作者的定制内容。近几年，Instagram（照片墙）和 Twitter（推特）也都陆续开启了这种付费订阅功能。2022 年 1 月底，微信视频号上线了首个付费直播间，直播内容为 NBA 常规赛，用户进入直播间后可免费观看 3 分钟，3 分钟后需要支付 90 个微信豆（1 元＝10 个微信豆）才能继续观看。之后，快手、抖音也都推出了付费短剧内容，如图 7-32 所示（左图为快手，右图为抖音）。可见内容付费是未来商业变现的主要方式之一，付费内容可以激发短视频创作者的创作热情，但是也对短视频的质量有了更高的要求，并且一般愿意付费购买内容的用户都是短视频账号的忠诚粉丝，这也需要创作者在短视频的运营萌芽期以及成长期培养用户的活跃度以及忠诚度。

（2）广告植入

广告植入是将产品或品牌融入短视频内容中。短视频在内容上更精细、更容易制作、传播相关性更强、传播效益更好。广告植入是一种嵌入式广告，也是一种新的传播方式，受众范围更广，对于提高广告传播的效果有非常重要的作用。不同类型的短视频具有不同层次的目标人群。在广告植入过程中，短视频创作者要注意根据受众类型进行有针对性的广告投放，使广告能够提升受众的定位和认知度，提高广告的传播效果。

在广告植入时还需要注意两方面：一方面，投放短视频广告的目的是吸引受众，达到销售目标，所宣传的产品和服务是针对目标受众的，所以在投放广告时，需要考虑受众群体的情况；另一方面，现在很多类型的短视频收视率都很高，但这并不意味着任何产品在这些视频中投放广告都会取得良好的效果，这取决于短视频属性和产品属性的特点，只有两者匹配，才能实现宣传效果。

图 7-32 快手和抖音付费短剧

（3）直播带货

当短视频内容能够维持较高的创作水平，且能吸引稳定的垂直用户时，短视频创作者可以根据受众需求策划直播带货活动，从而获得不错的变现效果。例如，2020 年 4 月，罗永浩将抖音作为自己的直播首秀平台，其首场直播便获得 1.1 亿元销售额、累计 4800 万观看人次的惊艳成绩。2022 年 6 月 2 日，罗永浩将抖音账号正式更名为"交个朋友直播间"。

（4）开发 IP 衍生品

在短视频运营的成熟期，短视频创作者可以将视频的内容商标化，通过 IP 衍生品进一步创造价值和利益。例如，国产漫画 IP"吾皇猫"在抖音中以动画的形式生产短视频的内容，并且根据动漫形象设计玩偶等一系列 IP 衍生品出售（见图 7-33）。

值得注意的是，在短视频运营的成熟期，短视频创作者要注意根据用户对商业变现行为的接受程度，维持用户信任感，同时，还要持续生产优质的短视频内容，选择合适的内容进行商业化，以实现短视频运营的良性循环。

图 7-33 国产漫画 IP"吾皇猫"抖音主页及其店铺

四、短视频流量运营

每个短视频平台都拥有巨大的流量池。无论是个人短视频账号,还是企业短视频账号,都希望将公域流量转化为自身的私域流量,这也是短视频流量运营的终极目的。

(一)公域流量和私域流量

1.公域流量

公域流量也被称为"平台流量",它不属于单一个体,而是现有的公共平台带来的流量。提供公域流量的平台有很多,公域流量的运营核心是按照平台的既定规则,以满足用户需求的方式来获得流量。前文中提到的短视频推广运营、短视频内容运营与用户运营都属于公域流量运营。

公域流量池可以分为以下几种。

① 电商平台,如淘宝、京东、拼多多等。

② 社交平台,如微信、QQ、微博、抖音、快手等。

③ 搜索平台,如百度、搜狗搜索等。

随着互联网各大短视频平台的不断发展,瓜分公域流量的创作者越来越多,用户注意也很容易被"抢走",所以越来越多的个人和企业意识到,想要进一步抢占流量红利,必须拓展私域流量。

2.私域流量

私域流量是指个人或品牌能够相对自主地掌控其沉淀的用户,并能够直接触达、无须付费、反复利用、自由运营的流量,如个人社交账号的联系人(好友)、粉丝群等。短视频私域流量运营,即在短视频平台积累用户,将其引入自身的私域流量池,实现短视频用户价值的最大化。

3.公域流量和私域流量的区别

公域流量相当于我们生活中的广场、公园等公共场合,而私域流量相当于自家后院的私人区域。当越来越多的人在公共场合表演时,观众的注意力会被分散,所以在自己家的后院打造舞台表演才艺,将观众请到家中做客,能为自己一人带来收益,进而减少竞争。

总而言之,私域流量与公域流量相比,前者的获客成本更低,用户忠诚度更高,有助于短视频账号长期发展。

(二)将公域流量转化为私域流量

在短视频行业,将公域流量转化为私域流量的核心是提高短视频的内容质量、做好用户运营工作、培养用户对短视频内容的价值认同。目前,将公域流量转化为私域流量主要有以下两种方式。

1.线上转化:将用户引入粉丝群等

许多短视频创作者会在个人简介中填写自己个人的社群信息以及个人在其他平台中的账号,直接为用户引路,但是这种方式较为被动。另一种较为主动的方式是短视频创作者在短视频中向用户展示、分享、推荐某款商品,激发用户体验或购买同款商品的欲望,并将用户引入私域流量平台进行消费。例如,许多美食博主在短视频平台上发布视频,推荐自家产品,并在评论区附上食品的自营电商店铺,或者提示用户加入粉丝群可以获得更多优惠等。这种情况下,关注自营电商店铺的用户和加入粉丝群的用户,就是成功转化的私域流量。

2.线下场景转化:将用户转化为门店会员等

线下场景转化是指通过拍摄"网红打卡"等短视频,在表达自身体验的同时,吸引用户在看完视频后也去线下体验。适合进行线下场景转化的行业有餐饮、宠物、娱乐等。

　　例如,美食博主"密子君"会拍摄自己探店的视频,并在发布短视频时定位实体店地址,将短视频平台的流量转化至线下门店。

　　总而言之,线下场景转化以实体店为中心,通过具有创意、话题性或差异性的内容来全面立体地展示服务场景和门店特色,激发用户的观看兴趣和体验欲望。

思考与练习

总结现阶段抖音公域流量转私域流量方式。

第三节　短视频的变现方式

一、广告变现

　　短视频行业异军突起,使传统的广告模式发生了改变,许多广告主越来越偏爱短视频广告。现在,利用短视频关键意见领袖在某个专业领域进行广告宣传推广已经成为品牌营销的重要渠道,这为短视频创作者提供了大量广告变现的机会。

(一)广告变现的方式

　　目前短视频行业中常用的广告变现方式主要有软性广告和硬性广告。软性广告简称软广,是将产品的一些信息融入短视频,从而达到宣传推广的效果,其广告与内容完美结合,让广告看起来不像广告;硬性广告简称硬广,是直接介绍商品、服务内容的传统形式的纯广告,其宣传方式直接明了。需要注意的是,不管用软广还是硬广,对于广告中出现的产品,短视频创作者都需要把控产品质量,严格筛选、亲身试用,对用户负责。

　　1.软广植入

　　因为软广需要与短视频内容相结合,所以短视频创作者通常会采用内容植入和结尾宣传的方式进行宣传。这里主要介绍内容植入。

　　内容植入是指在短视频内容中插入商品或服务信息,将广告悄无声息地与剧情结合起来。当短视频账号的主要用户群体与产品的主要用户群体一致时,内容植入会产生比较好的市场反应。具体说来,内容植入包括以下几种。

　　① 台词植入:通过出镜人员的台词将产品名称、特征等直白地传达给用户,这是一种直接的形式,并且容易得到用户对品牌的认同。在进行台词植入的时候要注意台词的衔接恰当、自然,不要强行插入,以避免用户产生反感情绪。

② 道具植入：将需要植入的产品以道具的形式呈现在用户面前，如美妆短视频中展示化妆所用到的各种品牌的工具。

③ 场景植入：在视频播放过程中将品牌的 logo 等植入视频场景，使品牌产品得以自然展示。

④ 产品种草：通过产品的展示、使用体验、使用教学及种草推荐等，刺激用户的购买欲望。

⑤ 奖品植入：在短视频中发放一些奖品引导用户关注、转发、评论，例如在评论区发放某个产品的代金券等。

⑥ 音效植入：在短视频中用声音、音效等听觉方面的元素对用户产生暗示作用，进而传达品牌理念和信息，例如各大品牌特有的手机铃声或者某些游戏典型的背景音乐等。音效植入使得用户即使没有清楚地看到品牌或者产品的信息，也可以联想到相应的品牌和产品，加深品牌的用户印象。

2.硬广植入

在众多硬广植入形式中，短视频创作者常用的是品牌广告和贴片广告。这些都是较为明显、较为外在的广告形式。尽管许多用户会认为硬广的呈现形式比较生硬，但它有成本低、不影响内容本身两大优势。

① 品牌广告：短视频创作者可以将品牌 logo 作为角标放在短视频画面的下方，这样既能进行品牌宣传推广，也不影响视频内容的呈现。

② 贴片广告：短视频创作者在短视频内容播放完毕后，直接将广告产品呈现在整个画面中，但呈现时间不宜过长，以 5～10 秒为宜。

(二)广告的来源

短视频创作者可以通过以下三种方式与商家达成广告合作意向。

1.等待商家主动联系

当短视频账号拥有一定的粉丝基础以及稳定的播放点赞量时，就会有品牌推广的公关部门主动联系短视频账号寻求商务合作，因此许多短视频创作者会在账号页面的个性签名中添加专门用于商业合作的联系方式。

不过，如今商家云集，产品众多，短视频创作者需要慎重甄选和考虑合作的商家，避免与产品质量不过关、售后无保障的商家合作，以免影响自身账号的口碑。在合作之前，短视频创作者要仔细考察商家在电商平台上的销量及评价，或者亲自使用、体验产品后再判断该商家是否值得合作。

2.加入官方广告接单平台

许多平台为了促进商家与短视频创作者合作，推出了官方接单平台或活动。例如，抖音推出的星图、快手推出的快接单、哔哩哔哩推出的花火、微博推出的微任务等。

这里以抖音推出的星图为例进行说明。星图为短视频创作者和商家提供了订单接收、签约达人管理、项目汇总、数据查看等功能。当短视频账号的粉丝量为 10w＋时，即可开通星图，成为达人，选择商家进行合作。付费方式分为单条推广视频付费、按曝光量付费，博主也可以直接参与直播带货与商家分成。

对短视频创作者而言，官方广告接单平台可以拓宽其商业变现方式；对商家而言，官方广告接单平台可以帮助其实现广告的精准投放。双方互惠互利，通常能够达成大量的商务合作。

3. 向第三方信息平台寻求合作

短视频创作者可以寻找第三方信息平台进行合作。短视频创作者告知平台自己的粉丝数、短视频内容时长、报价等，结合第三方信息平台汇聚的大量广告信息，与商家实现自主匹配、互相选择的商业合作。

(三)广告变现的注意事项

广告变现对希望以内容吸引用户的短视频账号而言是有风险的，因此在进行广告合作时，短视频创作者要遵循一些基本原则，尽可能地降低合作风险。

1. 不得宣传禁止出售的产品

短视频创作者在接拍广告时，首先要了解我国明文规定不允许通过网络平台进行宣传或销售的特殊产品。在短视频中如果出现了这些产品的内容，平台会立刻对其进行封号处理，严重的还会受到法律的制裁。

2. 不得虚假宣传

根据《中华人民共和国广告法》，广告中不得使用"国家级""最高级""最佳"等用语。目前天猫、京东、苏宁易购等电商平台上还有大量广告法所禁止的这类用语。使用极限词的违规商家不仅会被扣分，还可能遭受数额巨大的罚款；顾客投诉极限用语并维权成功后，赔付金额由商家全部承担。

短视频创作者如果发现商家提出的宣传要求不符合产品的实际情况，存在夸大事实、虚假营销的成分，要立刻拒绝或马上停止合作。因为这种虚假宣传的行为不仅欺骗了用户，也违反了《中华人民共和国广告法》的相关规定。

3. 慎选消费者体验感差的产品

短视频创作者要严格把控产品的质量，慎选无法保证质量的产品，以免影响短视频账号的口碑。如果用户收货后体验感较差，短视频创作者应该及时站出来向用户道歉，并且主动联系商家对用户进行补偿。短视频创作者对于广告合作不能来者不拒，而应有所选择，最好与质量有保证、拥有品牌美誉度且与短视频用户群体匹配度高的产品品牌合作。

4.切勿频繁发广告

短视频的内容是短视频账号运营的根本,因此,短视频创作者不能在视频中频繁发广告,这样只会引起用户的反感,而应在恰当的时机以恰当的方式推出优质广告,在保证用户观看体验的基础上,通过广告实现盈利。

二、电商变现

电商变现即通过短视频内容实现产品的推荐介绍及销售转化,这是大部分短视频平台积极推荐的主要变现方式。目前,短视频电商变现主要有第三方自营店铺变现、短视频平台自营变现和佣金变现三种方式。

(一)第三方自营店铺变现

第三方自营店铺变现主要是指将在短视频平台中获取的流量转化至第三方电商平台(淘宝、天猫等)的自营店铺,通过售卖短视频内容中的同款产品实现流量变现。许多短视频账号在积累了一定量的粉丝之后,会选择开设第三方自营店铺进行变现。

要实现第三方自营店铺变现,短视频创作者需要做好以下三个方面的准备。

1.找准利基市场

利基市场是指在较大的细分市场中具有相似兴趣或需求的一小群顾客所占有的市场空间。找准利基市场是为了尽可能地避免进入某一竞争激烈的领域,开辟更为广阔的新市场。

一直以来,短视频平台上美食类短视频层出不穷,但是李子柒的视频通过古风美食吸引了百万人关注。随后,李子染在各大短视频平台同步发表作品,很快积累了大批粉丝。作为田园系短视频的成功典型和古风美食第一人,2017年年底,其粉丝数已突破1000万大关,其每次发布的视频都能获得超高的点赞和转发量。2018年8月17日,李子柒天猫旗舰店正式上线,不到一周的时间,店铺销售额就已经突破千万元。

2.深耕精品内容

短视频无论是涨粉还是运营都离不开优质的内容。短视频创作者要在深耕内容的过程中不断强化短视频账号的定位。这里还是以李子柒的视频为例进行说明。李子柒的视频有浓厚的古风古韵。穿着上,李子柒总是穿着自己制作的带有古风感的衣裳,红衣飘飘,白衣胜雪;在食物选择上,李子柒制作的桃花酿、枣泥糕、琵琶酥等都透露着古风的味道;在食品制作上,在她的视频中几乎看不到现代家电的痕迹,灶台、厨具、餐具都是古老农村厨房的模样,整个视频的各个环节调性统一,给人们带来了极佳的视觉享受。凭借精品化的内容,李子柒收获了众多粉丝。

3.迎合用户心理

短视频创作者要利用短视频中的文字、声音、画面、音乐等元素迎合用户心理,即满足用户的情感需求。李子柒在视频中自酿花酒、磨豆腐、做果酱、用葡萄皮染衣服,她实践着现代人逃离喧嚣都市的梦想。

可见,第三方自营店铺变现的核心在于了解用户需求,用合适的短视频内容引导用户相信其需求可以借助短视频内的商品来得到满足。

(二)短视频平台自营变现

短视频平台自营变现主要是指短视频创作者在短视频平台开设线上店铺,进行流量变现。许多短视频平台为了实现自身平台的商业闭环,为用户提供了平台内的销售和购买渠道。下面以抖音平台推出的抖音小店为例,介绍短视频平台自营变现的方式。

1.抖音小店优势

抖音小店是品牌方、商家等提供的电商平台,也是抖音内部的电商变现工具。它帮助短视频创作者拓宽内容变现渠道,提升流量价值,主要具有以下两大优势:一是用户在购买商品时无须跳转至第三方平台,可以直接在抖音小店中完成消费,提高用户购买率;二是短视频创作者可以在短视频中添加商品链接。

短视频创作者开通抖音小店以后,用户进入其账号页面会看到黄色的"商品橱窗"字样,点击即可进入商品销售页面。

2.抖音小店的运营思路

(1)选品+上货

店主可以利用抖音的商品榜(见图 7-34)、巨量算数等选择合适的商品售卖。

图 7-34　抖音商品榜界面

（2）获取流量

店主可以通过直播带货、短视频带货、达人带货、小店随心推等方式推广出单。

(三)佣金变现

佣金变现主要是指短视频创作者不开设任何自营店铺，而是通过推荐他人商品赚取佣金收入。这种变现方式的优势在于无须存货，无须进行店铺运营、店铺管理等。

佣金变现是一种低成本(有时只需要缴纳一定数额的平台保证金)的电商变现方式。它在目前的短视频市场中十分常见。

1.抖音:商品橱窗—推荐

抖音账号商品橱窗中的推荐页面，是为短视频创作者提供的推荐非自家商品(包括但不限于抖音小店、淘宝、京东、唯品会、苏宁易购等电商平台)以赚取佣金的平台。通常情况下，该页面推荐的商品与短视频内容相关。

一般来说，商品橱窗的开通需要抖音账号的粉丝数量大于1000，并且在抖音发布超过10条短视频。抖音平台会抽取10%的分成，淘宝抽取6%的分成，剩下的才是短视频内容创作者的，因此，一般来说商品佣金高于30%才会有盈利空间。

2.哔哩哔哩:UP 主悬赏计划

一般来说，在哔哩哔哩 UP 主悬赏计划下有广告任务和商品任务。

① 广告任务:UP 主可以将发布的视频关联广告，平台会根据广告的曝光度来发放相应的收益。

② 商品任务:当 UP 主在视频下挂的商品被购买后，UP 主可以赚取一笔分成收益。

三、直播变现

如今，许多短视频平台都有直播功能。短视频账号拥有一定量的粉丝群体后，短视频创作者可以尝试直播变现。目前，直播变现的方式主要有打赏和带货两种。

(一)打赏

一般来说，主播可以分成两类。一类是加入 MCN 机构的主播，这类主播挣到的打赏钱要和 MCN 机构按照一定比例分。签约了 MCN 机构的主播一般会有专门的经纪人做定位和指导，获得更多流量支持。另一类是个人主播，这类主播没有加入任何机构，所得到的打赏除去平台分账后，可以全部自己享有，但是直播前期冷启动比较困难，可能会遇到直播热度低、没有人气等情况。这里介绍几种可以让短视频创作者获得尽可能多的打赏的方法。

1.做好直播前的准备工作

首先，准备好直播话题。短视频创作者如果跟主播不是同一个人，需要在开播前，与主播共同确定本次直播要探讨的话题,避免主播与用户一问一答的交流结束后冷场。具备才艺的主播也可以事先准备好表演环节,丰富直播内容。

其次,开播之前的预热。在直播开始前要对直播进行预热,尽力实现全网覆盖,可以在公众号、短视频平台等进行直播预热,不断加深用户记忆,让用户可以通过直播预热的宣传入口直接进入直播间。

再次,通常在开播前 1～3 小时发布短视频,借助短视频获取平台分发的自然流量;而当自然流量不太可观时,可以在开播前 1～2 小时购买流量推广,提高直播的曝光率。例如,在抖音进行直播前,可以对短视频适度投放 DOU＋,以快速增加短视频的播放量。当用户对该条短视频产生兴趣时,就非常有可能进入直播间观看直播,这是一种帮助短视频与直播同时收获人气的较好方式。

最后,短视频创作者还可以在短视频账号的个性签名处注明自己固定的直播时间,培养用户的观看习惯。

2. 直播中引导用户打赏

与其他变现方式相比,直播的优势在于实时互动性强。想要引导用户主动打赏,可以借鉴以下方法。

① 主动交流,拉近距离:主播在直播时可以结合社会热点制造话题,引起用户的广泛讨论;也可以寻找与用户的共同话题,围绕当下热门影视剧、综艺节目等进行讨论,进而拉近与用户的距离。

② 满足用户精神需求:主播要像朋友一样给予用户情感上的慰藉,在用户打赏之后主动念出对方的昵称表示感谢;如果遇到用户倾诉自己的烦恼,主播需要及时进行安慰;碰到用户生日也可以在直播中送上祝福。

③ 回馈用户:面对用户的打赏,主播可以采用表演才艺等方式进行回馈,或者以红包或抽奖等形式在直播间进行粉丝回馈的专属活动,在有来有往的陪伴中引导用户打赏。

④ 营造打赏氛围,刺激用户打赏:主播可以在直播间和别的主播进行连麦 PK、小游戏等,让用户产生竞争意识,助力打赏自己喜欢的主播。

此外,要注意的是,用户打赏是你情我愿的事情,主播或短视频创作者要在合理范围内刺激用户打赏,不能以强迫和引诱的方式要求用户打赏。

(二)带货

直播带货是目前非常火爆的带货方式。2018 年开始,中国直播电商行业成为风口,2019 年,一些关键意见领袖的强大流量和变现能力进一步推动直播电商迅速发展。2020 年的疫情使得"宅经济"进一步火热,激发了直播电商行业的活力,市场规模相较于上年增长121％,达 9610 亿元。①

---

① 2022 年中国电商直播行业市场前景及投资研究报告[EB/OL]. (2021-11-16)[2023-04-01]. https://baijiahao. baidu. com/s? id=1716587383831705354&.wfr=spider&.for=pc.

近年来,除了一些关键意见领袖进行直播带货之外,有的企业如瑞幸咖啡等也加入了直播带货的队伍,甚至许多政府部门的工作人员也走进了抖音直播间,向用户推荐当地的特色农产品。

打造一场高效的直播带货,需要做好以下几个方面的准备。

1.选择合适的产品

正所谓"七分靠产品,三分靠运营",直播带货要想成功,首先要选择合适的产品。产品的选择可以从以下几个方面入手。

① 高热度产品。与短视频内容需要"蹭热点"的逻辑一样,直播带货产品的选择也可以"蹭热度"。例如,端午节吃粽子,中秋节吃月饼,或者是当下某个时间某个明星带火的某款产品,都可以进行直播带货。

② 生活刚需类产品。生活刚需类产品是指用户在生活中肯定会用到的产品。可以根据季节属性筛选,比如夏季很多人怕晒、怕热、怕蚊虫叮咬,那么,夏季的首选产品可以是防晒用品、风扇、电蚊香、花露水等。

③ 有创意的产品。观看直播的用户多为年轻人,他们喜欢有创意或者好玩的产品,如可以吃的最新款"手机"(巧克力)、毛绒玩具造型的纸巾盒等。这类产品能在一定程度上满足用户追求创意的需求,且消费门槛低,更容易引领年轻用户群体的消费潮流。

④ 有较大价格优惠的产品。许多用户看直播是为了以低价购买自己心仪的产品,因此,在直播开始前,短视频创作者需要与商家在产品的价格方面达成共识,给予用户更有吸引力的折扣,并且设置一定量的优惠名额。这样,在主播反复强调优惠的限时限量,以及其他观众不断下单的抢购气氛中,刺激用户消费。

⑤ 符合用户群体需求的产品。短视频创作者在选择产品时,要考虑用户群体年龄层次、男女比例,以及他们对产品的需求。只有产品符合用户群体需求,才能让用户产生购买的欲望。

2.确定分工

一般来说,直播带货需要进行团队协作,合理详细的分工是直播顺利开展的保证。

刚起步的新手商家,没有一定的粉丝基础,直播团队可以只安排三人,分别是主播、助播和运营。其中,主播负责讲解产品、互动和促单;助播负责补充讲解、引导关注、购买演示、互动答疑、展示产品等;运营负责上架商品链接、设置库存、控制直播间评论、投放广告、监控数据、把控节奏等。

对于具有品牌知名度的商家来说,一场直播带货至少需要六人,分别是主播、助播、运营、投手、中控和客服。主播和助播的分工和新手商家的设置一样,主播负责主要的控场,助播负责补充说明;运营要负责选品、组品、赠品机制设定,播前流程策划、播中解决问题以及播后复盘的工作;投手主要负责广告投放,为直播间引流;中控主要负责直播间后台数据监控、同步反馈促单、上下架链接、设置库存、直播间产品管理等;客服主要负责提供售中和售后服务,解答客户的问题,促进产品成交。

3.直播带货的常用话术

① 留人话术。留人在直播中通过各种福利、抽奖的活动来留住用户。值得注意的是，因为直播间会不断有新的用户进入，所以主播需要每隔 5～10 分钟重复提醒一次，用福利来留住新用户。

话术参考："直播间的粉丝宝宝们，12 点整的时候我们就开始抽免单了啊！还没有点关注的宝宝上方点个关注，加入我们的粉丝团，12 点整就可以参与抽免单了！还可以去找我们的客服小姐姐去领 10 元优惠券。"

② 产品介绍话术。主播进行产品介绍时，首先要进行产品举证，出示产品可信证明，获取用户信任；其次从产品的功效、成分、材质、价位、包装设计、使用方法、使用效果、使用人群等多维度介绍产品。产品介绍得越专业，就越有说服力。例如在介绍食品时，可以说我们的减肥产品是通过专业的热量检测机构鉴定过的，这里可以向各位展示我们的检测报告等。

③ 成交话术。成交话术主要有两种方式。一是提升信任，打消顾虑。通过主播讲一些家人、工作人员使用的经历或者展示自己的淘宝购买订单，证明某款产品是"自用款"，且为重复购买的产品，打消用户对产品的顾虑。二是限定优惠。主播可以通过限定时间或者限定地点制造稀缺感，让用户尽快下单。

(三)如何应对直播突发状况

1.技术故障

直播时的技术故障主要有以下几种情况。

① 直播断线。直播断线通常是网络问题，所以直播应该在网络稳定的区域进行，并且在直播之前先进行网络测试。

② 直播卡顿。直播卡顿分为两种情况，一种是大部分用户卡顿，这可能是主播网络不流畅，还有可能是直播设备的配置不够，解决方法是提高直播设备的配置；另一种是个别用户卡顿，主播可以建议其提高网速。

③ 直播闪退。直播闪退可能是由于直播设备内存被其他程序占用，解决方法是退出直播程序后重启并再次登录；也可能是直播设备内存已满，解决方法是扩大直播设备内存。

④ 直播延时。直播间画面与实际场面相比有一定时间的延后是正常现象，只要用户看到的画面清晰、流畅就行。

⑤ 直播有回声。解决办法是关掉电脑直播间的声音，或者手机看直播效果时取消外放。

⑥ 产品链接失效或错误。产品链接失效或错误，会导致用户的消费行为中断。解决方法是主播在第一时间安抚用户情绪，告知用户停止购买，并对已经下单的用户道歉、退款，同时与商家进行交涉更正；若无法妥善解决，则直接下架该产品，并完成后续内容的直播。

2.价格问题

许多主播会告知用户产品原价和优惠价格，甚至表示自己直播间的价格是全网最低

价,但有可能因为商家操作不当或者其他情况,购买页面的产品原价低于主播告知的原价
价格。

对于上述问题,主播首先需要以真诚的态度向用户表示歉意,与商家协商并推出更好
的解决办法,若无法与商家达成共识,则迅速停止与该商家的合作。

四、知识付费变现

知识付费变现即用户为有用的知识付费。利用短视频实现知识付费变现的逻辑是,
短视频创作者预先设计合适的知识付费形式,借助有吸引力的知识型短视频吸引用户关
注,积累足量的用户后,引导有需求的用户通过其他方式为更有价值的知识付费。

目前,短视频创作者可以借鉴的知识付费变现形式主要有以下三种。

(一)课程变现:将专业知识设计为网络课程

现在,许多用户认为网络课程具有性价比高、自由度高的核心优势,所以青睐于借助
网络课程学习生活和工作技能。短视频内容所蕴含的知识的专业性和质量决定了用户是
否愿意付费观看。短视频创作者可以通过定期更新的短视频,向用户展示网络课程的部
分内容,吸引用户购买。

一般来说,知识付费内容具有两个特征,一个是关联性,即与用户的生活和工作息息
相关,能够帮助用户获得知识、提升技能,如企业管理、沟通逻辑、办公技巧、法律、金融等
方面的知识内容;另一个是稀缺性,如果用户可以在其他平台轻松获取视频介绍的知识或
者视频介绍的只是随处可见的碎片化知识,并没有太大的付费价值,自然无法吸引用户
付费。

短视频创作者可以聚焦于某一垂直领域,在该领域输出有针对性的内容,从而吸引用户
关注和付费。寻找垂直领域可以从以下三方面入手:一是服务于特定人群,如美妆类以年轻
女性为目标用户,育儿知识以宝妈为目标用户;二是专注于特定领域,如金融、厨艺、绘画等;
三是聚焦于特定场景,如急救、约会等。

短视频创作者在完成课程设计和录制之后,需要通过有吸引力的短视频标题引起目标
用户关注,然后用符合其特质的课程内容和交流社区氛围增强用户黏性,从而实现知识付费
变现。

课程变现案例如图 7-35 所示,蔡兼美术教育通过小红书平台展示精美的画作和高超的
技巧,吸引绘画爱好者购买其出版的书籍或者报名线上网课,将公域流量引入私域流量进而
实现变现。

(二)咨询变现:提供一对一咨询服务

咨询变现是指短视频中的专业知识、技能、经验能为用户带来帮助,并且能够为个人或
组织提供针对性方案或帮其解决问题。目前比较热门的咨询类型有职业生涯咨询、律师行
业业务咨询、心理咨询、健康咨询、情感咨询等。咨询变现需要短视频创作者在某一领域有
专业知识或者过硬的技能,事先用免费的短视频内容吸引用户关注,在视频内容中向用户证

明自己的能力,吸引用户主动通过付费咨询来获得更加深入的剖析和解决方案。一般来说,提供咨询服务的短视频账号会在自己账号的简介中提供咨询的方式,或者自己的公众号等信息,方便用户联系。图7-36所示的"小李不吃猪"就是一个成功的咨询变现案例,博主在抖音上发布有关健身科普知识的视频,并且在简介中附上提供一对一指导的联系方式。

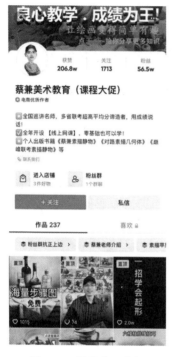

图 7-35 课程变现案例

图 7-36 咨询变现案例

(三)出版变现:出版系统化知识的图书

出版变现主要是指短视频创作者通过出版图书获得相关收入。出版变现对短视频创作者的素质要求极高,要求其具备渊博的知识、较强的图书策划和写作能力,但同时出版变现能够带来长期的利润与整体的收益。

在信息时代,许多用户会意识到自己所接收了太多碎片化的信息,所以会有意识地关注系统化的内容。短视频创作者将优质的内容做成系统的、严谨的图书,不仅可以积累用户基础,还可以扩大短视频的影响力。

短视频创作者要想实现出版变现,需要从一开始就策划和创作知识型短视频内容,通过优质内容积累一定的口碑;在积累大量用户之后,以出版图书的方式输出更系统化的知识,实现出版变现。

五、IP 变现

除了上文介绍的几种常见的变现方式,拥有超高人气的短视频创作者还可以尝试进行IP变现。这种变现途径的门槛较高,但收益也更为丰厚。

当短视频运营进入成熟期,短视频账号拥有数量庞大的忠实用户群体时,短视频创作者就可以尝试进行 IP 变现。

(一)IP 衍生变现

IP 衍生变现是打造与 IP 相关的商品或服务,让用户为衍生品买单,进而获得收益。例如,"一禅小和尚"在微信平台以图文、音频、动画等多种形式呈现内容,在网易云音乐上发布音频,在腾讯动漫、网易漫画上发布漫画,在哔哩哔哩上发布番剧,在抖音上以三维动画的形式展示内容,总之,"一禅小和尚"根据各个平台的特色生产优质的内容,通过暖萌、温暖的动漫形象以及一禅与师父之间的温情对话传达人生哲理。"一禅小和尚"的成功在于把大的情感问题拆分成一个个小问题,通过一禅和师父的对话进行探讨,为用户解惑或使用户得到精神上的慰藉。很多时候他们的问答没有明确的指定对象,却能让用户觉得说的就是自己,从而引发共鸣。

随后,"一禅小和尚"在抖音小店推出保温杯(见图 7-37)、情侣手链、手抄心经等,并且在 2020 年创立了"往事若茶"的线下饮品店(见图 7-38)。

图 7-37　"一禅小和尚"保温杯

图 7-38　"往事若茶"线下饮品店

(二)营销变现

短视频创作者常用的营销模式有两种,一种是对 IP 本身进行营销,它通过 IP 本身的用户实现营销变现。

例如,程十安入驻抖音短短一年粉丝就突破两千万,成为美妆垂类的头部红人。她的作品主要分享美妆类超实用干货,针对目标受众的痛点(年轻的普通女孩或者是化妆新手但对变美有追求,偏好日常实用的妆容技巧,追求产品性价比)生产内容,并且推出"程十安的店"(见图 7-39)。在 2021 年"双十一"活动期间中,程十安在 11 月 1 日淘宝直播间的首个小时,销售额就突破了 350 万元,11 月 10 日 20 点,程十安再次开播,在近零点时,其直播间冲上优选护肤小时榜头名。这个成果,既源自她自己通过美妆视频聚集的深厚粉丝基础,也受惠于平台对于新主播的流量倾斜。

另一种是通过衍生、周边等,将 IP 转化成 IP 衍生产品或衍生服务,从而开辟新的产业模式,达到二次变现。

例如,鱼大叔是国内首个海洋文化短视频栏目《鱼大叔和朋友们》的主角 IP,也是鱼大叔小食的核心基因。鱼大叔的 IP 定位是烧烤摊老板,主要卖烤鱼,张嘴就是一口东北话,以段子的形式分享海洋美食、宣传海洋保护理念,受到用户追捧。

《鱼大叔和朋友们》在各大平台上线以来,全网累计曝光 10 亿次,粉丝逾 500 万,并获得许多荣誉,成功树立鱼大叔 IP 形象,并衍生多个 IP,确立鱼大叔系列 IP 生态。

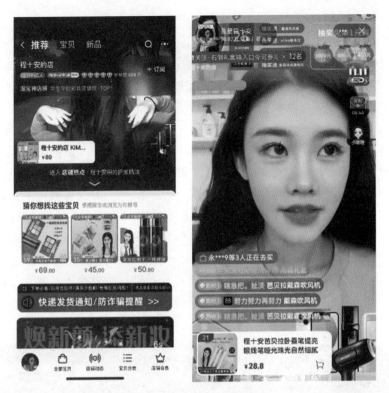

图 7-39　程十安的店铺和直播

目前,鱼大叔小食已布局以烤鱼为核心的预制菜赛道(如烤鱼、香辣蟹、小龙虾等预制菜)、健康食品赛道(如金枪鱼罐头)、海味休闲零食赛道(如多籽鱿鱼仔)等食品(见图 7-40),以及海洋潮流周边产品(如浴巾泳圈、盲盒公仔、抱枕摆件)。通过打造海味全系列相关食品,将鱼大叔系列品牌优势最大化。

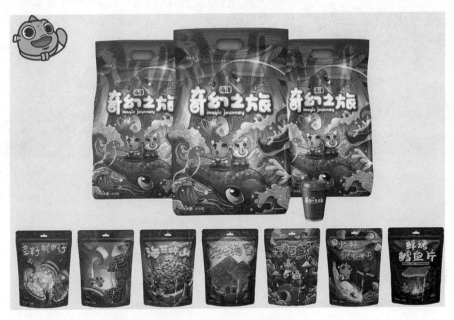

图 7-40　"鱼大叔"零食

(三)内容变现

内容变现也是常见的变现方式之一,短视频创作者首先通过具有吸引力的优质视频吸引用户关注,随后根据内容的特色制定变现的策略。

例如,"一条"于2014年9月上线,是关注人们生活方式的原创短视频产品,涵盖先锋建筑、隐世小店、人间故事等多个栏目。它记录和分享顶尖设计师、建筑师、艺术家、作家、匠人的故事,且对每个故事与人物都进行实地探访,对内容质量进行严格把关,每条时长3分钟左右的短视频平均要花费3周甚至更长的时间制作。"一条"上线15天收获100万粉丝、上线一年突破600万粉丝。数量庞大的粉丝群体,为"一条"的内容变现奠定了坚实的基础。

2016年8月,"一条"旗下APP"一条生活馆"作为移动电商平台上线,商品涵盖居家生活、美食厨房、图书文创等品类,倡导"日用之美",以年费会员制进一步增强用户黏性,汇聚了2500个优质品牌、10万件生活良品,当月营业额即突破1000万元。

随后"一条"在全国开设20多家线下店铺(见图7-41),品类涵盖日常生活的各种场景,如居家生活、图书文创、美妆洗护、服饰珠宝、数码家电、美食餐厨、运动健康等。另外,它还设有单独的海淘商品体验区。

图7-41　"一条"线下店铺

由此可见,"一条"内容变现之路成功的关键在于,先在线上为用户打造精品内容,收获大量用户的认可和良好的口碑,然后将主体内容延伸至线上电商变现及线下实体店变现。

思考与练习

查找一个有千万粉丝的抖音账号,分析其变现历史及路径。

本章实训内容

为某品牌化妆品策划抖音运营方案书。

【注意要点】

第一步：抖音账号策划与定位

影响账号商业价值的不仅仅是账号的粉丝量，还有账号内容的垂直度。账号定位是为了让账号获得更精准的粉丝、进行更好的转化。

第二步：爆款内容制作

爆款内容一定要具备笑点、知识点、热点、嗨点、泪点等；爆款内容一定要让用户产生情绪波动。

第三步：短视频运营孵化

要熟悉抖音流量分发的八大推荐机制、五级阶梯指标、四部账号标签形成方法。

第四步：账号矩阵与私域流量运营

选择数据较好的账号 IP 进行复制，做好头部账号，形成"1＋N"的账号矩阵。

第五步：直播与流量变现

要足够重视直播封面和直播标题文案；打造优秀直播团队，做好直播间场控，及时调整和活跃直播间的氛围。提前选择合适的产品，直播过程中按照引流型产品、主爆型产品、盈利型产品三大类进行配置。

参考文献

References

[1] 王冠,王翎子,罗蓓蓓.网络视频拍摄与制作:短视频 商品视频 直播视频[M].北京:人民邮电出版社,2020.

[2] 王威.短视频:策划、拍摄、制作与运营[M].北京:化学工业出版社,2020.

[3] 王真,张桥.视听盛宴——新媒体短视频制作全攻略[M].北京:中国电力出版社,2019.

[4] 刘兴亮,秋叶.点亮视频号:微信短视频一本通[M].北京:电子工业出版社,2020.

[5] 郭韬.短视频制作实战:策划 拍摄 制作 运营[M].北京:人民邮电出版社,2020.

[6] 赵君.Vlog短视频拍摄与剪辑 从入门到精通[M].北京:电子工业出版社,2020.

引用作品的版权声明

与本书配套的二维码资源使用说明

　　本书部分内容及与纸质教材配套数字资源以二维码链接的形式呈现。利用手机微信扫码成功后提示微信登录，授权后进入注册页面，填写注册信息。按照提示输入手机号码，点击获取验证码，稍等片刻收到4位数的验证码，在提示位置输入验证码成功，再设置密码，选择相应专业，点击"立即注册"，注册成功。（若已经注册，则在"注册"页面底部选择"已有账号？立即登录"，进入"账号绑定"页面，直接输入手机号码和密码登录。）接着提示输入学习码，刮开教材封面防伪涂层，输入13位学习码（正版图书拥有的一次性使用学习码），输入正确后提示绑定成功，即可查看二维码数字资源。手机第一次登录查看资源成功以后，再次使用二维码资源时，只需在微信端扫码即可登录进入查看。